高祥生中外建筑·环境设计赏析
——灿烂世界·璀璨明珠（上）

高祥生 著

东南大学出版社
SOUTHEAST UNIVERSITY PRESS
·南京·

序 / PREFACE

　　高祥生教授是我国建筑室内装饰装修与陈设设计领域的著名专家、学者。他著作等身，迄今已撰写出版了四十余本著作，完成了林林总总约三百个设计项目，曾荣获"全国有成就的资深室内建筑师""中国室内设计杰出成就奖"等协会、学会最高奖项，入选"中国室内设计 TOP100"榜单。在行业建设方面，他亦做出了重要贡献，主持完成了住房和城乡建设部的行业标准《房屋建筑室内装饰装修制图标准》（JGJ/T 244—2011）和《住宅室内装饰装修设计规范》（JGJ 367—2015）的编制，参加了国家技术标准图集《木结构建筑》（14J924）的编制，还主持完成了江苏省住房和城乡建设厅下达的多部有关设计的文件以及制图标准、装修构造、深度图样等地方标准与规定。在我主持中国建筑学会工作期间，与高教授有了更多的接触与交流，他为建筑教育和室内设计辛勤耕耘、提携后学、默默奉献的担当和严谨治学、守正创新、不断进取的精神，给我留下了深刻的印象。

　　和许多建筑师一样，高教授也是一位摄影"发烧友"，之前在《建筑与文化》杂志上看到他拍摄的一些照片，感到他在构图的推敲、光影的选择和焦距的推拉等方面，是颇具匠心和相当专业的。高教授善于捕捉令人怦然心动又稍纵即逝的瞬间，他的作品犹如徐徐展开的画卷，洋溢着盎然充沛的艺术情味，呈现了设计师眼中的大千世界，令人不禁啧啧称奇。

　　高教授自叙，拍摄建筑的初衷是为了编写教科书，为避免版权纠纷，书中配图绝大多数都是自己所摄，而且自己拍摄的照片也更能适应所编教科书内容之需。

此外，高教授在拍摄建筑的过程中，还不断地观察、思考，他认为，身临其境的氛围和特定的场景，可以引导和启发人去观摩、体验、感受，并思辨某些学术和专业问题，从而建立起更具有在地性和环境要素的新概念。通过实地拍摄和探访，对于希腊圣托里尼岛蓝白相间的色调构成，他认为除了基于希腊国旗为蓝白两色之故，至少还存在以下三种原因：第一，大片建筑的雪白与大海的深黛、天空的浅蓝搭配是适宜的；第二，圣托里尼岛的房屋数量众多、形状复杂，以白色统一是恰当的；第三，爱琴海位于北半球的亚热带，夏日炎炎，持续高温，建筑的白色可以起到室内降温和心理清凉的作用。有道是"读万卷书不如行万里路"，洵非虚语。这也是"纸上得来终觉浅，绝知此事要躬行"的最佳注脚。

我们欣喜地看到，高教授历经数年，足迹遍及三十余个国家和地区，所拍摄的建筑图片蔚为大观，积攒的数量多达几十万张之巨。他精心遴选其中的佳者、美者，汇聚成册，并为这些建筑摄影图片配上自己作为设计师和研究者的手笔，写成建筑游记散文，将所摄建筑的前世今生或不为人知的细节秘奥娓娓道来。文字行云流水、明白晓畅，读来饶有兴味，悠然心会，颇受启发。

时值《高祥生中外建筑·环境设计赏析——灿烂世界·璀璨明珠》付梓之际，本人有幸先睹为快，并为之作序。愿此书能嘉惠学林，沾溉艺坛。

嘤其鸣矣，求其友声。望成为广大建筑学人和摄影爱好者的良师益友。

原建设部副部长、中国建筑学会原理事长

2023 年 5 月

目 录 / CONTENTS

第一篇 不同国家的建筑篇（上）

美国

一、华盛顿

1. 华盛顿印象

华盛顿是美国的政治中心，也是美国的文化中心。华盛顿比较古典，华盛顿的建筑有许多依照了西方古典样式。华盛顿有哥特式建筑、巴洛克建筑、现代建筑，但较纽约、洛杉矶、波士顿等城市而言，华盛顿的古典样式的建筑还是多于这些城市的。

华盛顿也很现代，著名的美国国家美术馆东馆由华裔建筑师贝聿铭设计，从室内到室外广场都洋溢着现代建筑、现代艺术的气息。位于华盛顿的美国印第安人国家博物馆的建筑外形和室内设计都是非常有现代感的。而美国国家美术馆雕塑花园的现代抽象雕塑可以说是世界现代雕塑的范本。

华盛顿的纪念性建筑要比别的城市多，这个城市有著名的华盛顿纪念碑、林肯纪念堂等纪念性建筑。加上白宫、国会大厦、财政部都在华盛顿，所以华盛顿的政治色彩比其他城市浓厚。

华盛顿还是一个文化中心，这个城市有美国的国会图书馆、国家航空航天博物馆、国立自然历史博物馆、史密森尼学会大厦、美术和工业大厦。

华盛顿的纪念碑比较多，形式也是多样的，并有各自的特色。所纪念的人物及相关的事件、环境都是纪念碑的主体。

华盛顿的纪念碑的形式颠覆了我对纪念碑的认知，或是碑体上耸立人物，或就是一块碑体。我并不认为仅一块碑体有什么不妥，而且认为纪念碑可以是高尺度的，也可以是低尺度的，可以是单体的，也可以是群体的，可以是具象的人物，也可以是人物的名字。其目的就是表示对亡者的纪念。

我不赞同一个国家的军队到另一个国家的土地上进行战争，但我认为应纪念所有死亡的生命。

2. 华盛顿纪念碑

华盛顿纪念碑　高祥生摄于 2016 年 8 月

华盛顿纪念碑位于华盛顿美国国家广场中心，它是一座用白色石材建造的"方尖碑"式的地标性构建物，呈正方形，底部宽 22.4 米，高 169.045 米，是华盛顿地区的最高点。纪念碑的西侧为方形的湖面和林肯纪念堂，东侧为开阔草坪，草坪两侧有国会大厦等建筑。

华盛顿纪念碑的环境庄重、静穆。

草坪与华盛顿国会大厦　高祥生摄于 2016 年 8 月

林肯纪念堂　高祥生摄于 2016 年 8 月

3. 林肯纪念堂

　　林肯纪念堂是纪念美国前总统林肯而设立的纪念堂，位于华盛顿特区国家广场西侧，与国会大厦和华盛顿纪念碑呈一直线。

　　林肯纪念堂是一座用白色石材建造的古希腊神殿式纪念堂。

　　整座建筑呈长方形，长约 57 米，为古典主义样式。纪念堂的墙后中央有一座大理石的林肯坐像，林肯的手安放于椅子扶手两边，神情肃穆。

林肯纪念堂内林肯像　高祥生摄于 2016 年 8 月

美国国会大厦　高祥生摄于 2016 年 8 月

4. 美国国会大厦

　　美国国会大厦位于美国首都华盛顿哥伦比亚特区。国会大厦于 1793 年 9 月 18 日由美国时任总统乔治·华盛顿亲自奠基，于 1800 年投入使用。1814 年美国第二次独立战争期间被英军纵火破坏，部分建筑被毁。后来增建了参众两院会议室、圆形屋顶和圆形大厅，并多次改建和扩建。

　　国会大厦为 3 层建筑，立面饰以白色大理石，中央楼顶为 3 层高度的圆穹顶，顶部耸立一尊 6 米高的自由女神青铜雕像。

　　国会大厦的建筑为西方古典主义风格。

5. 美国国会图书馆

美国国会图书馆　高祥生摄于 2016 年 8 月

美国国会图书馆室内　高祥生摄于 2016 年 8 月

　　美国的国会图书馆建于 1800 年，是当时世界上最大的图书馆，它是美国历史最悠久的联邦文化机构，在美国文化中占有重要地位。

　　国会图书馆从外到内都是西方古典主义建筑风格。

　　图书馆总面积为 34.2 万平方米，截至 2022 年 3 月，馆藏实体文献超 1.7 亿册（件），排列在长达 1349 千米的书架上。馆内藏有稀有图书、特色藏品、电影胶片、电视片以及世界上最大的地图等。

6. 国家美术馆艺术雕塑花园

国家美术馆艺术雕塑花园中的装置（一）　高祥生摄于 2016 年 8 月

国家美术馆艺术雕塑花园中的装置（二）　高祥生摄于 2016 年 8 月

国家美术馆艺术雕塑花园中的装置（三）　高祥生摄于 2016 年 8 月

国家美术馆西馆边的空地上有一个雕塑花园，用来展示美术馆永久收藏的现代雕塑精品，给参观者们带来了前瞻性艺术想象。

雕塑花园既是一个供人们游览的公园，又是现代雕塑作品展示的中心。公园内有世界著名雕塑作品的仿制品，同时也有许多作品被其他国家模仿。

国家美术馆艺术雕塑花园中的装置（四）　高祥生摄于 2016 年 8 月

国家美术馆艺术雕塑花园中的装置（五）　高祥生摄于 2016 年 8 月

国家美术馆艺术雕塑花园中的装置（六）　高祥生摄于 2016 年 8 月

国家美术馆艺术雕塑花园中的装置（七）　高祥生摄于 2016 年 8 月

7. 美国国立自然历史博物馆

美国国立自然历史博物馆室外　高祥生摄于 2016 年 8 月

华盛顿的国立自然历史博物馆位于国家广场北侧，1910 年开馆至今收藏展品多达 1.48 亿件，从原始的恐龙化石、人类起源早期文物，到世界各地的稀有动物标本、珍贵矿藏宝石，都有展品，是留存自然科学和人类文化遗产难得的场所。

博物馆的建筑为古典主义的形式，博物馆分地上一层和二层：一层展馆收藏并展出了各种珍贵的动物的标本，表现野生动物的原始生态，例如非洲野象等；二层收藏了各种矿藏、宝石，其中精制而成的 45 克拉蓝钻成为二层展馆的亮点。

美国国立自然历史博物馆中非洲野象的标本　高祥生摄于 2016 年 8 月

8. 史密森尼学会大厦

史密森尼学会大厦（一）　高祥生摄于 2016 年 8 月

史密森尼学会是一座哥特式建筑。

这座砖红色的哥特式建筑，位于国家非洲艺术博物馆和萨克勒画廊后面，设有史密森尼学会的行政办公室和信息中心。该建筑是以人造诺曼风格的塞内卡红砂岩表现晚期罗马式和早期哥特式风格，有昵称其为城堡的。1965 年该建筑被指定为美国国家历史地标。

史密森尼学会大厦（二）　高祥生摄于 2016 年 8 月

9. 美术和工业大厦

美术和工业大厦　高祥生摄于 2016 年 8 月

美术和工业大厦安静地坐落在华盛顿的一个美丽的花园里，大楼古朴优雅的外观显得稳重、静谧。

10. 印第安人国家博物馆

印第安人国家博物馆　高祥生摄于 2016 年 8 月

它是一座土黄色建筑，位于华盛顿的国家广场的东南部，在美国国家航空航天博物馆的东面。曲面外墙界面和曲面室内空间使建筑的形态、光影更加生动、迷人。

它是美国的一个专门展示原住民印第安人历史、生活、文学、艺术的专题博物馆，拥有世界上较丰富的印第安特色展品，展品的历史跨越上万年，从衣食住行用等角度深刻地向人们展示出印第安人的物质生活和精神追求。

美国国家航空航天博物馆（一） 高祥生摄于 2016 年 8 月

11. 美国国家航空航天博物馆

美国国家航空航天博物馆位于华盛顿国家美术馆的东南方，建于 1976 年，是当时世界上唯一的以航空航天为主题的博物馆。展厅的入口高耸着巨大的航空航天飞行器，馆内陈列着各种飞机、火箭、导弹等实物。

美国国家航空航天博物馆（二） 高祥生摄于 2016 年 8 月

二、纽约

1. 纽约艾迪逊酒店

　　纽约艾迪逊酒店坐落于纽约市中心，酒店面积不大，但很精致，很多游客都喜欢在该酒店驻留。

　　酒店房间拥有超大落地窗，麦迪逊广场花园、世界著名的帝国大厦和令人叹为观止的纽约城市天际线尽收眼底。

纽约艾迪逊酒店门厅　高祥生摄于 2016 年 8 月

纽约艾迪逊酒店楼梯　高祥生摄于 2016 年 8 月

2. 夜幕下的纽约市

纽约市是美国第一大城市，也是世界闻名的大都市。

纽约市很重要，是美国的经济、文化中心，也是联合国总部所在地。

纽约街景（一）　高祥生摄于 2016 年 8 月

纽约街景（二）　高祥生摄于 2016 年 8 月

3. 纽约时报广场

纽约时报广场位于纽约市曼哈顿中城区。

我去过纽约，时间不长，在纽约时报广场边的酒店住了几天，从时报广场去纽约的很多景点都很方便。纽约很时尚，很喧闹，很商业化。目睹时报广场，可以体会到什么叫时尚，什么叫商业，什么是金融资本。从时报广场出发到各个计划去的地点都是按第几大道、第几街区分，道路是井字格的模式。按这种模式规划的城市形态是科学的、简明的，不会让人辨不清方向，找不到该到的地方，但是这种城市规划模式只适宜建立不久的新型城市。

纽约时报广场　高祥生摄于 2016 年 8 月

4. 华尔街

华尔街位于纽约市曼哈顿区南部从百老汇大道延伸到东河的一条大街道上。

纽约的金融业很繁荣，标志性街区是华尔街金融中心。街上的建筑不少是西方古典式样，都是用石头建起来的，看起来很庄重，很有实力。华尔街的标志性雕塑是一尊牛，十分引人注目，许多游人围在牛的周围，都想与牛合影，都想摸一下牛屁股，那牛的屁股都被摸得锃光发亮。摸牛屁股的有各色人种，但现在各国的经济还是处于低迷状态，华尔街的股市还是"牛"不起来。

华尔街上的建筑（一）　高祥生摄于 2016 年 8 月

华尔街上的建筑（二）　高祥生摄于 2016 年 8 月

纽约第五大道阿玛尼旗舰店　高祥生摄于 2016 年 8 月

5. 阿玛尼旗舰店

　　纽约阿玛尼旗舰店位于纽约第五大道上。

　　我去了纽约的商业街，纽约商业街的店铺与我参观过的大多数国家的店铺差不多，或者说与国内上海、南京、北京、深圳、重庆诸地的店铺也差不多。给我留下印象最深的是第五大道中阿玛尼旗舰店的楼梯，也许是为了招揽顾客，楼梯具有雕塑般的形态，这样的楼梯虽然在经济上太浪费，使用上也不合理，技术上是困难的，但它在商业广告上是成功的。它成为阿玛尼旗舰店的标志，使无数人慕名前往。对这个楼梯，我拍了许多照片，回国后在相关杂志上刊出了，但在刊登图片的杂志上我也强调在绝大多数的建筑中不宜提倡这种楼梯。

6. 曼哈顿

曼哈顿位于纽约市。

曼哈顿是游人喜欢去的地方，因为那里有美国自由女神像。我没有特别注意自由女神像，我关注的是布鲁克林大桥，那应该建成多年了，它使我看到了布鲁克林大桥一侧的纽约市，看到了现在的美国在40年前就有如此强大的经济实力和技术水平了，看到了二战后美国的强大。湛蓝的海水托起浅色的曼哈顿城，城市的轮廓线高低起伏，逶迤绵长，似乎还在展示美国的繁华、强盛。

自由女神像　高祥生摄于2016年8月

布鲁克林大桥　高祥生摄于2016年8月

曼哈顿岛　高祥生摄于 2016 年 8 月

世界贸易中心交通枢纽站　高祥生摄于 2016 年 8 月

7. 世界贸易中心交通枢纽站

　　现在在纽约世界贸易中心建筑群中最夺人眼球的是交通枢纽站,其建筑形体像一只展翅的雄鹰,蓄势待发。我参观时它还未建成,但是能看出雏形。它是西班牙著名的建筑和结构设计师卡拉特拉瓦的作品,有创意,更有诗意。我喜欢卡拉特拉瓦的才情,我曾撰文赞美过他,我未能到建筑的内部参观,这是一种遗憾。

8.纽约圣帕特里克大教堂

圣帕特里克大教堂是纽约最大的教堂，也是当年梵蒂冈大主教到美国讲经布道的地方。它是哥特式建筑，也是美国最大的一座哥特式风格天主教教堂，具有 140 余年的历史。它坐落在时尚、现代、奢华的第五大道旁，格外引人注目。

纽约世界贸易中心一号楼　高祥生摄于 2016 年 8 月

9.世贸大厦

世界贸易中心双子塔位于纽约曼哈顿市区南端。从布鲁克林大桥到世界贸易中心双子塔距离不远，我想看一看被毁后的双子塔，但双子塔的位置已是一个方方正正的大坑，坑边还有1 米多高的围墙，墙体上镌刻着遇难者的名字，密密麻麻的，大坑的周边还是高楼大厦，不免让人感叹往日繁华已尽。

纽约圣帕特里克大教堂　高祥生摄于 2016 年 8 月

联合国大厦　高祥生摄于 2016 年 8 月

10.联合国大厦

　　联合国大厦，也称"联合国总部大楼"，位于纽约市曼哈顿区的东侧，它的西侧边界为纽约第一大道，南侧为东 42 街，北侧为东 48 街。

　　联合国大厦由美国建筑师沃里斯·哈里森为首席建筑师兼策划人，并又聘任了 9 位建筑师，组成一个设计顾问委员会。

　　联合国大厦是早期板式高层建筑，也是最早采用玻璃幕墙的高层建筑。大厦的形体简洁、方正、明快，建筑的玻璃幕墙上反射出毗邻的建筑和天空的景致。

大都会艺术博物馆　高祥生摄于 2016 年 8 月

11.大都会艺术博物馆

　　纽约是美国的艺术中心，它有诸多世界顶级艺术展览场所，例如大都会艺术博物馆、纽约现代艺术博物馆、纽约新当代艺术博物馆、古根海姆博物馆等，这些博物馆我都去了，我在纽约的一大半时间都泡在这些博物馆中。我在看美术作品时如饥似渴，只觉得时间短暂和自身知识贫乏。我拍摄了展馆中的部分作品，那只是展馆藏品的一小部分，只是冰山一角。

大都会艺术博物馆位于纽约第五大道的 82 号大街。

大都会艺术博物馆是世界五大博物馆之一，馆内藏有各大洲各国家和地区的艺术珍品。我印象最深的是古希腊、古罗马的文物古迹，有些古迹是建筑的局部，准确地讲，就是建筑中的一个山花、一个门头、一组柱式（这个情况在大英博物馆也很常见）。馆内藏有的中国古代的瓷器、金属器皿，有些我在中国都没有看到过，我看后立即产生两个想法：一是这些文物怎么来的？二是这些文物将来能否回到中国？我参观完大都会艺术博物馆后心情是不好的。

大都会艺术博物馆内展厅（一）　高祥生摄于 2016 年 8 月

大都会艺术博物馆内展厅（二）　高祥生摄于 2016 年 8 月

    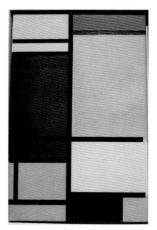

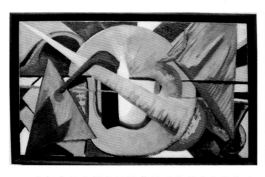   

大都会艺术博物馆馆藏的现代艺术作品集选   高祥生摄于 2016 年 8 月

纽约现代艺术博物馆中的藏品　高祥生摄于 2016 年 8 月

12.纽约现代艺术博物馆

纽约现代艺术博物馆位于纽约曼哈顿第 53 街。

纽约现代艺术博物馆主要展览现代绘画和现代装置作品，展览的作品有些我在各种画册中看到过，但多数是我过去未曾看到过的。印象派马奈、莫奈、雷诺阿、西斯莱的代表作都有，后印象派中塞尚、高更、梵高的代表作品，新印象派中的西涅克、修拉以及毕沙罗的代表作，也应有尽有。当然，博物馆中马蒂斯、杜桑、毕加索等这些著名画家的作品也是比其他艺术馆中的藏品更为典型，更加优秀。

我参观纽约现代艺术博物馆后便萌发了一种想法，即学习现代艺术最好的方法是到该博物馆来看展览。说来也巧，我去该博物馆的当天，我的在美国读研的学生也在这里参观学习。她是学建筑设计的，需要看大量的原作，显然参观纽约现代艺术博物馆是有必要的。

纽约现代艺术博物馆室外中庭的装置（一）　高祥生
摄于 2016 年 8 月

纽约现代艺术博物馆室外中庭的装置（二）　高祥生
摄于 2016 年 8 月

纽约现代艺术博物馆室外中庭的装置（三）　高祥生
摄于 2016 年 8 月

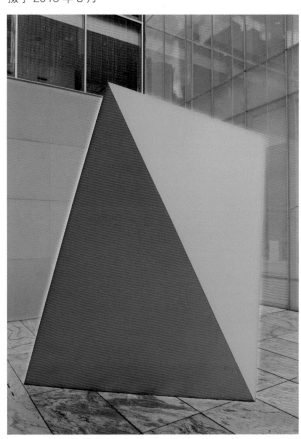

纽约现代艺术博物馆室外中庭的装置（四）　高祥生
摄于 2016 年 8 月

13.纽约新当代艺术博物馆

纽约新当代艺术博物馆位于纽约曼哈顿下区。
我也去了纽约新当代艺术博物馆，我对新当代艺术一直都

是似懂非懂，加上参观的时间有限，在新当代艺术博物馆中我
只是懵懵懂懂地遛了一圈。

纽约新当代艺术博物馆中的展品（一）　高祥生摄于 2016 年 8 月

纽约新当代艺术博物馆中的展品（二）　高祥生摄于 2016 年 8 月

纽约新当代艺术博物馆中的展品（三）　高祥生摄于 2016 年 8 月

古根海姆博物馆（二）　高祥生摄于 2016 年 8 月

14.古根海姆博物馆

古根海姆博物馆位于纽约市曼哈顿区第五大道。

后来我又去了古根海姆博物馆，去的主要目的是看赖特设计的建筑。古根海姆博物馆的建筑形态与赖特的其他建筑如流水别墅、赖特工作室、赖特自宅的建筑形态迥然不同。古根海姆博物馆的室外造型和室内形态都很别致，我拍了照片；博物馆的艺术品数量不多，因此我没有拍摄很多艺术作品的照片。

我在纽约逗留的天数不多，参观的地方有限，但纽约给人留下的印象很深，与华盛顿相比，纽约给人商业感更强一些，虽然纽约的建筑等也受西方古典风格的影响，但时尚的成分更多，现代化和市民化氛围比较浓厚。在纽约，多元化的文化形态和社会形态交织，不同阶层和不同认知的人都可以找到自己认同的那部分。

古根海姆博物馆（一）　高祥生摄于 2016 年 8 月

三、耶鲁大学

耶鲁大学鲁道夫大楼（一）　高祥生摄于 2015 年 9 月

1. 耶鲁大学建筑系

我知道华裔建筑设计师林璎毕业于耶鲁大学建筑系，还有大名鼎鼎的小沙里宁也曾在耶鲁大学建筑系深造过。耶鲁大学建筑系与宾夕法尼亚大学建筑系、哈佛大学建筑系、麻省理工学院建筑系一样有名。

耶鲁大学建筑系大楼鲁道夫大楼的立面肌理感很粗犷，和周边的建筑相比有些不协调。鲁道夫大楼与耶鲁大学美术馆和英国艺术中心毗邻，所以在耶鲁大学建筑系学习艺术氛围很好。

但凡对耶鲁大学感兴趣的人都知道保罗·鲁道夫的名字，他曾是耶鲁大学建筑系的系主任，鲁道夫大楼正是他的杰作。我曾收集过一本国外建筑画的画册，其中就有保罗·鲁道夫的建筑画。

耶鲁大学鲁道夫大楼室内　高祥生摄于 2015 年 9 月

耶鲁大学鲁道夫大楼（二）　高祥生摄于 2015 年 9 月

2. 耶鲁大学贝纳基善本图书馆

耶鲁大学贝纳基善本图书馆的整体形态很方整，立面的分块也很方整。导游说这都是由半透明的大理石拼铺而成，这样就可使图书馆内的珍贵书籍避免阳光的直接照射。这就有点像我们在建筑或装修中使用透光云石。

贝纳基善本图书馆的设计者是美国著名的建筑师戈登·邦沙夫特，馆内藏有珍贵的图书并采取了严密的保护措施。

耶鲁大学贝纳基善本图书馆　高祥生摄于 2016 年 8 月

3. 耶鲁大学校园建筑

耶鲁大学校园（一）　高祥生摄于 2016 年 8 月

耶鲁大学校园（二）　高祥生摄于 2016 年 8 月

耶鲁大学校园（三）　高祥生摄于 2016 年 8 月

我在美国见到几位中国留学生，他们告诉我，美国的大学校园，应该数耶鲁大学的校园最美，最值得看，我记住了他们的意见，也去参观了耶鲁大学，耶鲁大学确实很美，很有特色。耶鲁大学的美感，我认为主要有三点：一是耶鲁大学的多数建筑具有哥特式风格的倾向，但又不是纯粹的哥特式风格。整个建筑群有起伏，制高点都是明显的。建筑的立面大都是红砖铺贴，很有历史积淀感。二是道路和广场都很宽敞，道路两旁、广场周边植有我叫不出名称的冠木、乔木。阳光下绿荫浓郁，绿荫下光斑陆离，既有古老的感觉，也有现代的气氛。三是耶鲁大学中有诸多著名建筑大师设计的建筑，像小沙里宁设计的冰球馆，美国著名现代建筑大师路易斯·康设计的英国艺术中心、美术馆，还有保罗·鲁道夫设计的建筑系大楼（鲁道夫大楼）。所有这些都给耶鲁大学添加了光彩，也给我留下了深刻的印象。

耶鲁大学校园（四）　高祥生摄于 2016 年 8 月

耶鲁大学校园（五）　高祥生摄于 2016 年 8 月

耶鲁大学校园（六）　高祥生摄于 2016 年 8 月

4. 耶鲁大学英国艺术中心

耶鲁大学英国艺术中心是耶鲁大学中的一座著名建筑。之所以著名，有以下两个原因：

一是艺术中心是英国以外规模最大、最全面的英国艺术收藏地点。馆内藏有中世纪至当代的 2000 多幅油画、250 多尊雕刻、20 000 多幅反映英国历史的素描、水彩画以及具有历史研究价值的 35 000 多本书籍和手稿。

二是该建筑由美国现代主义建筑大师路易斯·康设计。我认为路易斯·康对建筑领域的最大贡献有两方面：一方面是混凝土的装饰表现，另一方面是对自然光的应用。在英国艺术中心中，较突出的是双层格栅顶棚对自然光的利用。无论是展厅，还是过厅，甚至是楼梯厅的顶棚，都能感受到自然光洒落在室内空间中产生柔和的美感。

耶鲁大学英国艺术中心（一）　高祥生摄于 2016 年 8 月

耶鲁大学英国艺术中心（二）　　高祥生摄于 2016 年 8 月

耶鲁大学英国艺术中心（三）　　高祥生摄于 2016 年 8 月

耶鲁大学英国艺术中心（四） 高祥生摄于 2016 年 8 月

耶鲁大学英国艺术中心（五） 高祥生摄于 2016 年 8 月

5. 耶鲁大学美术馆

耶鲁大学美术馆在耶鲁大学英国艺术中心的对面，离耶鲁大学建筑系也很近。

耶鲁大学美术馆老馆建于1832年，由约翰·特朗布尔设计。老馆以收藏意大利早期绘画、非洲雕塑和现代艺术著称。该馆是当时西半球大学最古老的艺术博物馆，1901年该馆被拆除。

新馆建于1953年，主楼是由美国现代著名建筑师路易斯·康设计，主楼室内装修仍表现了路易斯·康善用的格栅造型。

耶鲁大学美术馆（一）　高祥生摄于2016年8月

耶鲁大学美术馆（二）　高祥生摄于2016年8月

耶鲁大学美术馆（三）　高祥生摄于2016年8月

耶鲁大学美术馆新馆（一） 高祥生摄于 2016 年 8 月

耶鲁大学美术馆新馆（二） 高祥生摄于 2016 年 8 月

四、波士顿

1. 波士顿当代艺术中心

波士顿当代艺术中心（一）　高祥生摄于 2016 年 8 月

波士顿当代艺术中心（二）　高祥生摄于 2016 年 8 月

波士顿除了有著名的哈佛大学和麻省理工学院外，还有可以与美国大都会艺术博物馆比肩的波士顿当代艺术中心。

波士顿当代艺术中心濒临大海，两侧有数十千米的步行道，湛蓝色的海洋托起一座巨大的现代博物馆，气势恢宏，环境优美。

艺术中心以收藏现代艺术品见长，除了展示与纽约现代艺术博物馆中相似的绘画作品外，它还拥有极富创意的现代装置艺术。

波士顿当代艺术中心前的大海　高祥生摄于 2016 年 8 月

波士顿当代艺术中心（三）　高祥生摄于 2016 年 8 月

波士顿当代艺术中心（四） 高祥生摄于 2016 年 8 月

波士顿当代艺术中心（五） 高祥生摄于 2016 年 8 月

波士顿市中心广场上的塞缪尔·亚当斯雕像　高祥生摄于 2016 年 8 月

2. 波士顿市中心广场上的塞缪尔·亚当斯雕像

　　广场中央的人物雕塑是美国的开国元勋之一塞缪尔·亚当斯，他签署了《独立宣言》，参与起草了美国联邦宪法。

　　促使美国走上独立道路的有三个著名的事件：一是反抗《糖蜜法》《印花税法》《汤森德关税法》；二是波士顿惨案；三是波士顿倾茶事件。这几件事都是由这位叫塞缪尔·亚当斯的人组织策划的，所以人们称他为"美国革命之父"。

3. 波士顿老市政厅

波士顿老市政厅是一座西方古典主义风格的建筑,建于 1865 年,1970 年被认定为美国国家历史地标,1990 年获得国家保护荣誉奖。

1969 年市政厅搬走,现在看到的波士顿老市政厅已交给私人经营,内部为时髦的饭店和办公室场地。

波士顿马萨诸塞州议会大厦前的约瑟夫·胡克骑马雕像 高祥生摄于 2016 年 8 月

波士顿老市政厅 高祥生摄于 2016 年 8 月

4. 波士顿约瑟夫·胡克骑马雕像

马萨诸塞州议会大厦是一幢红色砖墙、白色立柱、金色屋顶的建筑,建筑的广场上耸立着一座约瑟夫·胡克的骑马雕像,是为了纪念胡克在塞米诺尔战争、美墨战争和美国南北战争中的卓越表现。

五、哈佛大学

冈德堂（一）　高祥生摄于 2016 年 8 月

1. 冈德堂

哈佛大学的校园中有许多建筑都是世界著名的建筑大师主持设计完成的，这些建筑大都富有独特的形态。哈佛大学中的冈德堂是建筑学、景观建筑学、城市设计、城市规划四个专业的综合性教育空间。建筑是由澳大利亚建筑师约翰·安德鲁斯主持设计的。

这座建筑采用了退台式的建筑形式，形成了一个跨越 5 个楼层的，由钢桁架和竖向的大玻璃窗、混凝土板包裹的梯形建筑。因我的学生在建筑系攻读硕士学位，所以我特意参观了冈德堂的室内。冈德堂的入口是开放的，它的空间是开放的，学术研究也是开放的，大厅中布置了建筑系学生的设计作品，作

品挂置在金属挂件上，整齐有序。

楼上布满了课桌，其基本功能还是与传统的设计功能相似，但它很宽、很长，有国内课桌的两倍长。成排的课桌间留有较宽的走道，足够两个人并排而行。

据说冈德堂的教室是不同专业共同使用的，我觉得这样的教室使用安排对学生知识面的拓展，对学科的发展十分有利。

参观完教室后，我还是在学生的带领下原路返回，我又一次看了建筑系学生的作业，又一次领略了哈佛大学建筑学专业的开放理念。

冈德堂（二）　高祥生摄于 2016 年 8 月

冈德堂（三）　高祥生摄于 2016 年 8 月

2. 卡彭特视觉艺术中心

卡彭特视觉艺术中心（一） 高祥生摄于 2016 年 8 月

哈佛大学的卡彭特视觉艺术中心位于哈佛校园东侧昆西街和普雷斯科特街间的一块狭小的基地上。

该视觉艺术中心由现代主义建筑大师勒·柯布西耶设计。这是柯布西耶在美国唯一的建筑设计作品，作品实践了现代主义建筑中用材和空间设计的部分理念。

艺术中心共 5 层，于 1963 年建成，设有展览室、报告厅、绘图室等较开放的空间。

对视觉艺术中心的褒贬不一主要体现为两点：一是该建筑现代主义建筑风格与哈佛校园中大多为佐治亚复兴风格的建筑不协调，现代主义建筑惯用的裸露混凝土和白色与校园中大多为砖红色的建筑有很大的冲突。

二是现代主义建筑大师勒·柯布西耶提出的工业化建筑应该成本低廉，功能至上，高效实用，并满足大多数人居住需求的理念，与美国建筑大师赖特的建筑观发生冲突。赖特认为"建筑是有机体，是心灵的产物，是利用最好技术完成的艺术品"，工业化只是为建筑设计提供了条件，而建筑本体仍需回归自然性。

卡彭特视觉艺术中心（二） 高祥生摄于 2016 年 8 月

卡彭特视觉艺术中心（三） 高祥生摄于 2016 年 8 月

六、麻省理工学院

1. 麻省理工学院小教堂

麻省理工学院小教堂外立面　高祥生摄于 2016 年 8 月

麻省理工学院的广场上有一座像小型碉堡一样的建筑被包裹在绿荫中。这座建筑就是著名建筑师埃罗·沙里宁设计的小教堂。（小教堂由美籍芬兰裔建筑师埃罗·沙里宁设计，因业内称他的父亲埃利尔·沙里宁为老沙里宁，故后来称他为小沙里宁。）教堂的体量不大，但名气很大。

我在读大学时，外国建筑史的老师就介绍过这栋建筑。小沙里宁在美国的建筑作品有不少，如纽约肯尼迪国际机场、圣路易斯市杰斐逊国家扩张纪念碑、耶鲁大学冰球馆等。这些建筑我曾在专业杂志上看过竣工后的图片，觉得比不起眼的小教堂大得多。

出于对名建筑师、名建筑的好奇，我参观了小教堂。大名鼎鼎的小教堂主体是筒状的，20 多米高，灰红色墙砖饰面，墙身没有窗，墙脚有拱形的半圆形凹圈，凹圈中隐约可见不大的窗户，小教堂的筒状外立面给人以封闭感。

麻省理工学院小教堂（一）　高祥生摄于 2016 年 8 月

麻省理工学院小教堂（二）　高祥生摄于 2016 年 8 月

小教堂的入口设在后部，绕过筒状的建筑后就可以进入。入口设有一过廊，过廊两侧设有长方形窗户，使得小教堂的室内明亮、通透。经过半开敞的 20 多米长的廊道进入教堂的礼拜堂，礼拜堂的光线很暗。从室外到过廊再到礼拜堂是由明到半明再到暗的一个序列。这种空间序列的处理方法像是将我国古典园林中先抑后扬的空间序列方法反了过来。礼拜堂的室内平面是圆形的，正对入口的远处有三层圆形的基座，基座上是讲坛，礼拜堂的讲坛比国内教师讲课用的讲台大一些，用长方形石材建造，白色的，很光滑。环绕礼拜堂的有两排弧形的做礼拜等活动时使用的椅子。这是一个可容纳近百人进行礼拜活动的空间。与讲坛相对的墙上挂置管风琴，与管风琴相邻对视的位置设有唱诗班使用的空间。礼拜堂虽小，但做礼拜所需的功能基本都有了。

讲坛的正上方有一圆形的天窗，天窗下方悬挂着数百张长方形的银色金属片。无论是晴天还是阴天，圆形的光柱都会从圆形天窗洒落，光柱又洒在参差不齐的金属片上，有受光的，有背光的，或稀稀落落，或密密麻麻，像飞鸟朝阳，似群鱼逆水。讲坛的气氛是神秘的，又是充满希望的，似乎在隐喻向往天国的圣明。

在参观麻省理工学院时我遇到了我曾经的学生，她告诉我，虽然教堂侧墙没有玫瑰窗，但讲坛两侧的墙脚处设有向上泛光的"低窗"，细心地看，确有一抹向上泛起的光线，隐约、含蓄、神秘……此时我逐渐明白，为什么建筑界那么多人推崇小沙里宁，欣赏他的小教堂，因为小沙里宁设计的教堂虽小，但构思精妙，有创造性，有可圈可点之处。他的设计满足了教堂的功能需要，表现出教堂应有的特定气氛，但又不落入俗套，从而得到许多人的赞美。

真是小教堂、大魅力。

2. 麻省理工学院大门

麻省理工学院大门（一）　高祥生摄于 2016 年 8 月

麻省理工学院大门朝着一条交通干道，与哈佛大学的校门毗邻。

麻省理工学院大门的建筑风格为纯正的西方古典主义的风格。大门内有各种不同风格的建筑。

麻省理工学院大门（二）　高祥生摄于 2016 年 8 月

3. 克雷斯吉礼堂

在麻省理工学院，这个礼堂又叫大礼堂，也是由小沙里宁主持设计的。大礼堂与小教堂相对而立，形态迥异，一个是筒形的，一个是薄壳状的。大礼堂的面积大一些，美国的很多政要都在此演讲过。大礼堂也是小沙里宁到美国后的早期代表作。

克雷斯吉礼堂室外　高祥生摄于 2016 年 8 月

克雷斯吉礼堂室内　高祥生摄于 2016 年 8 月

七、芝加哥

芝加哥海军码头的摩天轮　高祥生摄于 2016 年 8 月

芝加哥海军码头的轮船　高祥生摄于 2016 年 8 月

芝加哥海军码头　高祥生摄于 2016 年 8 月

芝加哥水楼丽笙酒店（一） 高祥生摄于 2016 年 8 月

2.芝加哥的火灾

只要提到芝加哥，人们都不会忘记1871 年那场使芝加哥城遭受巨大灾难的大火。

1.芝加哥概述

芝加哥处于北美大陆的中心，它是美国重要的金融文教科研中心之一。这里企业云集，商贸大楼林立。这里有著名的芝加哥大学、西北大学（芝加哥校区）、伊利诺伊大学（芝加哥分校）。芝加哥是美国的第三大城市。

18 世纪时，芝加哥地区是印第安部落的领地，1803 年美国陆军在这里建立了迪尔伯恩要塞，1812 年迪尔伯恩要塞遭毁，1833 年芝加哥镇成立，1837 年芝加哥市成立。

19 世纪的芝加哥兴建铁路，开发水运，随后工商业快速发展，大量农村人口涌入芝加哥，此时的芝加哥拥有近两百万人口，成为美国中西部地区的经济、贸易、文教中心。

芝加哥水楼丽笙酒店（二） 高祥生摄于 2016 年 8 月

芝加哥千禧公园中的艺术装置造型（一）　高祥生摄于 2016 年 8 月

芝加哥千禧公园中的艺术装置造型（二）　高祥生摄于 2016 年 8 月

那是 1871 年 10 月 8 日的夜晚，农妇正给一头生病的奶牛喂草，奶牛踢翻了草堆上的油灯，火苗烧着了牛棚，燃烧的牛棚引发了火灾，大火迅速流窜到一条条街道，爬上了一幢幢楼房。正值隆冬季节，天气干燥，加上芝加哥的房屋都用木材建造，家家户户都用木材烧饭取暖，家家户户又囤积了一堆堆的柴草。有记载说，当时还刮起了龙卷风，风助火威，火借风势，熊熊大火在芝加哥城蔓延，上空又有燃烧着的陨石散落到城市各个角落。面对熊熊大火，城市的数百位消防人员只是杯水车薪，有限的消防设施也是无济于事。火灾中的人群四处逃散，情急之下还有跳入水池中避难的。大火燃烧了两天两夜，无数人葬身火海，无数人淹死在湖泊中，无数人被掩埋在倒塌的楼房下，无数人无家可归。

芝加哥密歇根湖畔的景观　高祥生摄于 2016 年 8 月

芝加哥海军码头的艺术装置　高祥生摄于 2016 年 8 月

芝加哥千禧公园露天音乐厅（一） 高祥生摄于 2016 年 8 月

芝加哥千禧公园露天音乐厅（二） 高祥生摄于 2016 年 8 月

　　这是一次震惊世界的灾难。这次灾难让人们认识到消防和消防措施的重要性，认识到木结构建筑防火的重要性。劫后的芝加哥增强了消防意识，增加了消防设备。更重要的是，劫后的芝加哥城进行了新的规划，重建的建筑全都采用了钢结构，从此一幢幢新型的钢结构高楼拔地而起。

　　很显然芝加哥城的火灾，提示了人们应对消防工作给予重视，并加快了钢结构建筑的发展速度。

芝加哥千禧公园露天音乐厅（三）　高祥生摄于 2016 年 8 月

芝加哥千禧公园露天音乐厅（四）　高祥生摄于 2016 年 8 月

芝加哥城的高层建筑（一）　高祥生摄于 2016 年 8 月

芝加哥城的高层建筑（二）　高祥生摄于 2016 年 8 月

芝加哥城的高层建筑（三）　高祥生摄于 2016 年 8 月

芝加哥城的高层建筑（四）　高祥生摄于 2016 年 8 月

3.芝加哥的现代建筑

我到芝加哥是住在水楼丽笙酒店。在酒店的窗口可以观赏著名的密歇根湖、千禧公园和其他的景色、建筑。出酒店的大门向右拐就可以感受到芝加哥城的繁华，满眼都是高楼大厦，建筑的立面各不相同，但高度差不多，建筑的密度较高，道路则很宽敞，但城市的交通井然有序。

密歇根湖畔最显眼的应是摩天轮和海军码头的舰艇。据说密歇根湖畔的摩天轮建成时是当时全世界最大的摩天轮，该说法是否确切我无法论断，但密歇根湖畔摩天轮的巨大尺度与周边环境是匹配的，与一望无际的密歇根湖是匹配的。

与摩天轮毗邻的是海军码头，这个海军码头其实就是一艘舰船加上一座上下船用的钢制桥架。摩天轮和海军码头都是白色，它们在湛蓝色的湖面和绿荫的衬托下十分夺人眼球。

千禧公园包含的内容多一些，它有露天音乐厅，有各种装置、雕塑。其中最有名的还是法兰克·盖里设计的露天音乐厅，透过露天音乐厅裸露的金属网架，可以清晰地见到城市的高层建筑，红色的地毯没设座位，银灰色的金属设备搁置在舞台后部……这里的一切都有粗犷、工业制造的美感。

伊利诺伊大学（芝加哥分校）图书馆　高祥生摄于 2016 年 8 月

芝加哥艺术博物馆（一） 高祥生摄于 2016 年 8 月

芝加哥艺术博物馆休息平台 高祥生摄于 2016 年 8 月

在密歇根湖畔还有芝加哥艺术博物馆，博物馆是三幢连体的三层建筑，馆内的空间形态新颖、通透。馆藏的艺术品很丰富，有绘画、雕塑、工艺品等。博物馆最早的艺术品主要是为教育学生提供艺术学习的范本，后来馆藏艺术品不断丰富，成为美国第二大艺术博物馆。

虽然我对艺术博物馆的建筑空间和各种艺术品都很感兴趣，但由于时间限制，我只能选择参观在别处无法看到的印象派和后期印象派的作品。

在这片景区中，密歇根湖应是主角，其景观、建筑也都是在湖畔展开的。当人们把视线转向密歇根湖，都会更惊叹于湖色之美丽：深蓝色的湖面游艇划开湖水，留下一道白色水浪，然后又快速前行。游艇上人们的叫喊声此起彼伏，马达在连鸣……人们在享受冲浪带来的感观刺激，享受生活给予的甜蜜。此情此景似乎让人们忘却了一百多年前的那场火灾。

芝加哥艺术博物馆（二）　高祥生摄于 2016 年 8 月

芝加哥艺术博物馆（三）　高祥生摄于 2016 年 8 月

芝加哥艺术博物馆电梯　高祥生摄于 2016 年 8 月

芝加哥艺术博物馆（四）　高祥生摄于 2016 年 8 月

芝加哥艺术博物馆馆藏的绘画作品集选　高祥生摄于 2016 年 8 月

从密歇根湖畔看芝加哥城　高祥生摄于 2016 年 8 月

4. 橡树园的赖特之家

橡树园赖特之家（一）　高祥生摄于 2016 年 8 月

橡树园赖特之家（二）　高祥生摄于 2016 年 8 月

橡树园赖特之家（三）　高祥生摄于 2016 年 8 月

橡树园赖特之家（四）　高祥生摄于 2016 年 8 月

尽管教科书中介绍，现代主义建筑有四大特点，分别是框架结构、底层架空、屋顶花园、横向窗户，现代主义建筑有四位大师，分别是瓦尔特·格罗皮乌斯、勒·柯布西耶、密斯·凡德罗、弗兰克·劳埃德·赖特。然而我觉得现代主义建筑大师也不是都遵循所谓的四大特点，他们各自有各自的特点。密斯·凡德罗设计的建筑大多具有极简的特点，赖特设计的建筑以住宅为主，当然也有像纽约的古根海姆博物馆之类的建筑，而格罗皮乌斯设计的包豪斯校舍等倒是符合这四个特点。

在我的印象中，现代主义建筑的基本特点就是简洁明快，是少有细部装饰的，但赖特的作品是一个例外，我们不妨看一看他设计的流水别墅、赖特之家、赖特工作室，室内的装饰做得很精致。我曾与朋友谈到赖特设计的建筑的室内装修比芬兰的阿尔瓦·阿尔托、意大利的卡洛·斯卡帕设计的建筑的室内装修还要精致、细致。

由此我想到一个流派中的不同人设计的建筑风格也不会一样，甚至同一个人在不同时期设计的建筑风格也不会一样。

八、洛杉矶

1. 一座晶莹剔透的建筑——洛杉矶水晶大教堂

水晶大教堂外立面　高祥生摄于 2016 年 8 月

水晶大教堂内部　高祥生摄于 2016 年 8 月

水晶大教堂外的雕塑（一） 高祥生摄于 2016 年 8 月

水晶大教堂外的雕塑（二） 高祥生摄于 2016 年 8 月

水晶大教堂室外　高祥生摄于 2016 年 8 月

水晶大教堂外的雕塑（三）　高祥生摄于 2016 年 8 月

2. 白色派建筑的魅力——洛杉矶盖蒂中心掠影

盖蒂中心（一） 高祥生摄于 2016 年 8 月

盖蒂中心是由世界一流建筑师理查德·迈耶设计的。线条简洁，色调明快，自然采光，室内天井与室外花园浑然一体，开放的空间极具细腻与粗糙的和谐美感。

理查德·迈耶，美国建筑师，现代主义建筑白色派的重要代表。1935 年生于美国新泽西州东北部的城市纽瓦克，曾就学于纽约州伊萨卡城康奈尔大学。理查德·迈耶受到勒·柯布西耶的影响，他大部分早期的作品都体现出了勒·柯布西耶的风格。

迈耶的作品以"顺应自然"的理论为基础，表面材料常用白色，以绿色的自然景物衬托，清新脱俗。建筑内部，他利用垂直空间和天然光线在建筑上的反射达到富于光影的效果。

一直以来我都喜欢白色派建筑，2016 年 8 月我在美国期间饶有兴致地参观了白色派代表人物理查德·迈耶设计的盖蒂中心，再次领略了白色派建筑的魅力，并拍摄下了盖蒂中心的部分空间。

盖蒂中心（二） 高祥生摄于 2016 年 8 月

盖蒂中心（三） 高祥生摄于 2016 年 8 月

盖蒂中心由美术博物馆、艺术研究中心和花园三部分组成，建筑单体不高，散落在圣塔莫尼卡山脉的山崖上和山谷中。参观的那天是晴天，碧蓝的天空万里无云，阳光下白色金属板、浅灰色石材饰面的建筑与蓝天、绿树、褐色的山体组成了一幅生动的长卷图画：形态各异、错落有致的建筑物、构筑物、树木形成的阴影洒落在墙面和地面上，各种斑驳陆离的阴影或是深蓝灰色，或是深绿灰色，或是深褐色，妙趣横生……

在盖蒂中心，我被建筑和环境所呈现的姿态、神韵强烈感染。面对盖蒂中心，我寻思着白色的建筑在阳光下，在月光下，在夏日，在冬天，加上山体、树木、天空的变化，景致一定是千姿百态的，而这种景致的变幻莫测正是光对白色物体产生的作用。这使我想起学素描时老师的话：白色的物体在光的作用下，明暗差别比其他色彩的物体大；白色物体的形态越复杂，呈现的明暗、色感越丰富；白色物体排除了其他色彩的干扰，最能显现形态的原真性、质朴感……如此说来，建筑以白色来表现，可以准确地表达设计者对形体和空间的追求。同时我还记得美术老师说过：世界上没有真正的白色，所谓的白色在光和环境的作用下都会呈现出各种环境色彩的倾向，它或是灰蓝，或是淡黄，或是灰红……千变万化。

美术学的知识为我找到了白色派建筑的审美依据，而眼下的盖蒂中心及环境又为我们展现了白色派建筑风情万种的迷人魅力。

盖蒂中心（四）　高祥生摄于 2016 年 8 月

3. 洛杉矶迪士尼音乐厅

在诸多描写解构主义建筑的文章中，大多会说解构主义建筑组合起来像一堆垃圾，我没有这种感觉。我参观了法兰克·盖里设计的迪士尼音乐厅，从室外看到室内，绕着音乐厅的外围又走了一圈，感到它像切开后散落的金属体，看似无序，又很有序，建筑的外观从任何一个角度看都有变化，倘若有阳光，更是变化无穷，趣味盎然。中国园林中常有"移步异景"一说，用这个词描写盖里的建筑设计也是合适的。

迪士尼音乐厅外立面（一） 高祥生摄于 2016 年 8 月

迪士尼音乐厅外立面（二）　高祥生摄于 2016 年 8 月

我参观过一些解构主义建筑，虽然它们都有解构的理论，主张对建筑形态进行创新，主张无序，主张变化，主张用任意料，等等，但我感到有两点是共同的：一是任何主义的建筑都要可使用，因此都会有可用的空间，解构主义建筑的体量都比较大，建筑边部的异形空间总能派上用场。二是解构主义建筑设计师强调创造，强调有特色，但每个设计师所设计的建筑的特点都不一致。譬如盖里建筑中的金属感、"两瓜片"的形态，扎哈·哈迪德设计的建筑的连续不断的弧线、弧形，让·努维尔设计的巴黎爱乐音乐厅建筑中的"蛇皮"表层等，都还是能辨别出设计师的个人风格的。特别是弗兰克·盖里的建筑，都很好辨别。

迪士尼音乐厅室内（一）　高祥生摄于 2016 年 8 月

迪士尼音乐厅室内（二）　高祥生摄于 2016 年 8 月

4. 光色的魅力
——洛杉矶万豪现场酒店

　　表述室内环境的光色效果常用"流光溢彩"一词。洛杉矶万豪现场酒店的光影是变化的，有强光、有弱光，甚至有昏暗的光。但光的色相没有变化，都是红色的光，不过有强有弱。酒店中的材料的固有色和质地也是各不相同，有反射光色的金属、玻璃、丝缎、塑料等，有吸收光色的粗糙材料，诸如地毯、石材。有材料明度的悬殊，诸如浅色的挂饰、地砖，深色的地毯、金属等，但所有的质感、色相的差别在高强度的光色下统一了。这里的一切都笼罩了一层红色、藏红色、橘红色、深红色⋯⋯酒店的空间就是红色的。总之，红色光色起到了关键作用。

　　我在洛杉矶万豪现场酒店也就待了两天，我看到酒店的光色仅是红色，没有看到红色以外的其他光色。我想倘若酒店统一采用了蓝色或黄色，也应是很别致的室内空间效果。因为我知道统一的光色对空间效果的影响是巨大的。

洛杉矶万豪现场酒店（一）　高祥生摄于 2016 年 8 月

洛杉矶万豪现场酒店（二）　高祥生摄于 2016 年 8 月

洛杉矶万豪现场酒店（三） 高祥生摄于 2016 年 8 月

九、拉斯维加斯

1. 拉斯维加斯永利安可酒店

尽管拉斯维加斯有诸多豪华酒店、时尚的购物中心以及场面宏大的赌场，也有为之配套的廊道、酒吧等等，但其中永利安可酒店还是很突显的。

拉斯维加斯永利安可酒店（一） 高祥生摄于 2016 年 8 月

拉斯维加斯永利安可酒店（二） 高祥生摄于 2016 年 8 月

永利安可酒店的装饰装修大部分是西方古典风格，到处金碧辉煌，灯红酒绿。从永利安可酒店可以看到现在的拉斯维加斯已不是 20 世纪时期的建筑师文丘里认为的拉斯维加斯。当时为了提倡拉斯维加斯的平民化，文丘里提出了《向拉斯维加斯学习》。当时的拉斯维加斯应该是平民化、装饰化、广告化的公共场所，而现在挑出任何一个在拉斯维加斯开设的酒店、商店、酒吧或餐馆等，都是极度奢华的。

拉斯维加斯永利安可酒店（三）　高祥生摄于 2016 年 8 月

拉斯维加斯永利安可酒店（四）　高祥生摄于 2016 年 8 月

拉斯维加斯永利安可酒店（五）　高祥生摄于 2016 年 8 月　　　　　拉斯维加斯永利安可酒店（六）　高祥生摄于 2016 年 8 月

拉斯维加斯永利安可酒店（七）　高祥生摄于 2016 年 8 月

2. 拉斯维加斯威尼斯人度假酒店

拉斯维加斯威尼斯人度假酒店是我见到过的投资额最大的酒店，酒店的建筑和环境就是意大利威尼斯水城的浓缩版，在这里，凡威尼斯水城具有的建筑景点应有尽有，圣马可广场、钟楼、叹息桥、水上的贡多拉，还有逶迤的运河、用张拉膜和色光表现的天光等等，实在使人赞叹不已。河岸开设了时尚的商铺，购物者进出于商店……威尼斯人度假酒店的投资固然是巨大的，同时酒店楼层间的防火，天空的色彩、光影变化等需要解决的技术问题也是不容小觑的。不管酒店给人感觉多么精妙，多么奢华，它毕竟是意大利威尼斯水城的打折版。我想，真要领略威尼斯的人文景观，现在的交通很发达，可以去一下意大利威尼斯，那时的心情一定会比在美国看浓缩版威尼斯更愉悦。

拉斯维加斯威尼斯人度假酒店（一）　高祥生摄于 2016 年 8 月

拉斯维加斯威尼斯人度假酒店（二）　高祥生摄于 2016 年 8 月

拉斯维加斯威尼斯人度假酒店（三）　高祥生摄于 2016 年 8 月

拉斯维加斯威尼斯人度假酒店（四）　高祥生摄于 2016 年 8 月

拉斯维加斯威尼斯人度假酒店（五） 高祥生摄于 2016 年 8 月

拉斯维加斯百乐宫酒店（一）　高祥生摄于 2016 年 8 月

拉斯维加斯百乐宫酒店（二）　高祥生摄于 2016 年 8 月

3. 拉斯维加斯百乐宫酒店

　　5G 技术尚未诞生之前，在装饰的光色技术应用上，我还没有见到超过百乐宫酒店的。百乐宫酒店中的光色极为炫目，蓝色的、紫色的、红色的、黄色的光闪烁着、变幻着，令人头晕目眩。

拉斯维加斯百乐宫酒店（四）　高祥生摄于 2016 年 8 月

拉斯维加斯百乐宫酒店（三）　高祥生摄于 2016 年 8 月

十、圣迭戈

1. 圣迭戈韦斯特盖特酒店

如果说美国的建筑装饰装修秉承了西方古典风格，那么我见到过的做得最纯真的就是圣迭戈韦斯特盖特酒店。

无论从整体气氛，还是从局部构造、家具、配饰上评价，它都不亚于意大利、法国等国酒店的传统装饰风格。

我常听到的美国的"欧陆风"一说，大概就是这种样子。

圣迭戈韦斯特盖特酒店大堂（一） 高祥生摄于 2016 年 8 月

圣迭戈韦斯特盖特酒店大堂（二） 高祥生摄于 2016 年 8 月

圣迭戈韦斯特盖特酒店大堂（三） 高祥生摄于 2016 年 8 月

圣迭戈盖泽尔图书馆（一） 高祥生摄于 2016 年 8 月

2.圣迭戈盖泽尔图书馆

圣迭戈盖泽尔图书馆是加利福尼亚大学圣迭戈分校的标志性建筑。

该图书馆是在厚重的多边形混凝土墩台上托起了悬浮在空中的四层建筑。很明显下部建筑材料给人感觉凝重、敦厚，而上部的建筑饰面则显得轻盈、光亮。这种建筑立面上的强烈对比也是图书馆立面设计上的创举。

圣迭戈盖泽尔图书馆（二） 高祥生摄于 2016 年 8 月

3. 圣迭戈湾景威斯汀酒店

圣迭戈湾景威斯汀酒店位于圣迭戈市中心，是一家四星级酒店。

酒店的周边有中途岛号航空母舰博物馆、巴尔博亚公园、圣迭戈轻轨和公交、圣迭戈动物园、科罗纳多酒店、瓦斯灯街区、灰狗巴士、Petco 公园等。

圣迭戈湾景威斯汀酒店（一）　高祥生摄于 2016 年 8 月

圣迭戈湾景威斯汀酒店（二）　高祥生摄于 2016 年 8 月

圣迭戈湾景威斯汀酒店（三）　高祥生摄于 2016 年 8 月

4. 圣迭戈索尔克生物研究所

圣迭戈索尔克生物研究所是著名建筑师路易斯·康的代表作之一，建于20世纪60年代初，地方不大，我在这组建筑群中转了两圈，反复研究路易斯·康的设计特点和他对现代建筑设计发展的贡献。我对路易斯·康设计的索尔克生物研究所的评价是：一是较早地应用建筑外廊的垂面交错，使进入研究所内部的光线显得很柔和；二是路易斯·康对混凝土板分板明确，钉与钉孔裸露的做法是一种创造，影响了日本、韩国、中国等国建筑师的设计。

我认为这是一件有创意的建筑设计作品。

圣迭戈索尔克生物研究所（一）　高祥生摄于2016年8月

圣迭戈索尔克生物研究所（二）　高祥生摄于 2016 年 8 月

圣迭戈索尔克生物研究所（三）　高祥生摄于 2016 年 8 月

十一、费城

1. 巴恩斯基金会美术馆

巴恩斯基金会美术馆（一）　高祥生摄于 2016 年 8 月

巴恩斯基金会美术馆（二）　高祥生摄于 2016 年 8 月

到了费城，总要去趟巴恩斯基金会美术馆，同行的朋友们说巴恩斯基金会美术馆有点像国内的某美术馆，我立马纠正说不对。我的看法是巴恩斯基金会美术馆比国内某美术馆建得早，另外，两个美术馆在立面和环境上还是有较大区别的。

我认为巴恩斯基金会美术馆是一个专门收集新印象派、晚期印象派以及现代派作品的美术馆。在我参观美术馆时，馆内藏有雷诺阿作品 181 幅，塞尚作品 69 幅，马蒂斯作品 59 幅。

巴恩斯基金会美术馆（三）　高祥生摄于 2016 年 8 月

巴恩斯基金会美术馆（四）　高祥生摄于 2016 年 8 月

巴恩斯基金会美术馆（五）　高祥生摄于 2016 年 8 月

2. 宾夕法尼亚大学理查德医学研究中心

宾夕法尼亚大学理查德医学研究中心（一）　高祥生摄于 2016 年 8 月

宾夕法尼亚大学理查德医学研究中心（二）　高祥生摄于 2016 年 8 月

费城的宾夕法尼亚大学理查德医学研究中心也是路易斯·康的代表作之一。该中心建筑的立面形体上都是竖向的体块，竖向的体块都数个一组，横向排列，与当时流行的现代建筑横向划分立面的造型形式不一样。

该医学研究中心的塔楼为八层，每个塔楼的楼梯间与立面都有高低和虚实的对比关系。业界都认为，理查德医学研究中心的设计是路易斯·康的建筑设计理论的一次重要实践和尝试。

宾夕法尼亚大学理查德医学研究中心（三）　高祥生摄于 2016 年 8 月

宾夕法尼亚大学理查德医学研究中心（四）　高祥生摄于 2016 年 8 月

十二、纽瓦克自由国际机场

纽瓦克自由国际机场位于美国新泽西州纽瓦克市与伊丽莎白市境内，东北距纽约州纽约市曼哈顿街区约 24 千米，西南距费城市中心约 97 千米；是 4E 级国际机场、大型国际枢纽机场；是纽约都会区三大机场之一。

1928 年纽瓦克大都会机场通航；1973 年，纽瓦克大都会机场 A、B 航站楼投入使用，并更名为纽瓦克国际机场；1988 年，纽瓦克国际机场 C 航站楼投入使用；2002 年，纽瓦克国际机场更名为纽瓦克自由国际机场。

纽瓦克自由国际机场（一）　高祥生摄于 2016 年 8 月

纽瓦克自由国际机场（二）　高祥生摄于 2016 年 8 月

纽瓦克自由国际机场（三）　高祥生摄于 2016 年 8 月

加拿大

一、温哥华

1. 温哥华之行

　　我去过温哥华两次，第一次到温哥华旅行的印象有些模糊，那次儿子向朋友借了一处滨海的房子，房子不大，但日常生活所需的设施都是齐全、完好的，周围的环境很清静，我与邻居虽然不能进行深入的语言交谈，但简单的问候是可以的。温哥华的气候很适宜人居，我在温哥华时是 8 月，那时的气温大多在 25℃左右，晚上睡觉只需要盖一条毯子，从住处到超市约10 分钟路程，超市中的中国食品能满足我的需要。在这种环境中，我本可以集中精力到附近采风拍照，但却没有完全如愿。我去温哥华一共才 20 天，但亟须完成一篇博士生论文的审稿，说是审稿，其实大部分内容要帮着修改。我在温哥华的住处花了 10 天的时间，将这篇博士论文认真梳理了一遍。当然在另外的 10 天时间里还是游览了温哥华的市区、温哥华附近的海滩、温哥华的商店、英属哥伦比亚大学等。

　　为弥补第一次去温哥华没有参观计划中该去的地方，我后来再一次去了温哥华，并前往温哥华附近的滑雪小镇、维多利亚等地参观。也算是对温哥华和温哥华附近的主要建筑景观走马观花地浏览了一遍。

温哥华格兰维尔岛　高祥生摄于 2016 年 8 月

2. 格兰维尔岛的小景

格兰维尔岛的小景（一） 高祥生摄于 2011 年 8 月

格兰维尔岛的小景（二） 高祥生摄于 2011 年 8 月

3. 费尔蒙特环太平洋酒店

费尔蒙特环太平洋酒店位于温哥华海岸，是一家五星级酒店。从酒店到达英吉利湾海滩、罗布森街、格兰维尔岛、温哥华会议中心、斯坦利公园、高豪港、温哥华观景塔等建筑和景观非常便捷。

费尔蒙特环太平洋酒店（一）　高祥生摄于 2016 年 8 月

费尔蒙特环太平洋酒店（二）　高祥生摄于 2016 年 8 月

4. 五帆广场

　　加拿大广场，也就是温哥华的五帆广场，是温哥华的地标性建筑，曾是 1986 年温哥华世界博览会的加拿大馆。因为建筑外墙为五块白帆，因此这里也被称为五帆广场。现在已作为会议中心和商业广场用地，每天都有许多人前往游览参观，广场上有许多新颖的装置。

　　五帆广场内设温哥华会议中心东翼、泛太平洋酒店、温哥华世界贸易中心。

　　另外，这里还有不列颠哥伦比亚省南岸地区的主要邮轮码头，由温哥华前往阿拉斯加的邮轮皆从此处出发。

　　我去过五帆广场多次，印象深刻。

五帆广场（一）　高祥生摄于 2016 年 8 月

五帆广场（二）　高祥生摄于 2016 年 8 月

五帆广场上的装置（一）　高祥生摄于 2016 年 8 月

五帆广场上的装置（二）　高祥生摄于 2016 年 8 月

五帆广场上的装置（三）高祥生摄于 2016 年 8 月

5. 朗斯代尔码头

朗斯代尔码头（一）　高祥生摄于 2016 年 8 月

朗斯代尔码头（二）　高祥生摄于 2016 年 8 月

6. 温哥华乔治亚海峡

温哥华去维多利亚港的乔治亚海峡（一）　　高祥生摄于 2011 年 8 月

温哥华去维多利亚港的乔治亚海峡（二）　　高祥生摄于 2011 年 8 月

　　从温哥华去维多利亚港，需乘游轮经乔治亚海峡。海峡两岸山峦延绵，风景优美，晴天时天空是蔚蓝的，海水是湛蓝的，游船的身后拖着长长的浪花带。游船穿过温哥华乔治亚海峡时与航行在波罗的海海峡的样子很像。海岸上也是礁石，也是港口，也有人家，只是这些地方不出名。

7. 温哥华基斯兰奴海滩

温哥华海边游玩的年轻人　高祥生摄于 2011 年 8 月

温哥华基斯兰奴海滩位于太平洋西岸，背靠森林，远方一片汪洋衬托着连绵的山峦和错落的楼宇，海面上偶有掠过的游艇，夕阳下海面上泛起点点的金光色。

基斯兰奴海滩的沙很柔软，它是玩沙滩排球、飞盘投掷的好地方，更是情侣们携手玩耍和倾心聊天的好去处。晴天，青年男女会在沙滩的堤岸上结伴游览，而年老的伴侣则会推着轮椅饱览海边的风光。更有动物爱好者在沙滩上休憩。

海风吹拂着游憩之人，人们可以见到沙滩上留下的一双双脚印，沙滩上也留下了经过无数次海浪拍打无数次日晒雨淋的树根，它们苍老、坚忍、质朴，似乎见证着温哥华的昨天和今天。海风轻轻地吹，海浪轻轻地摇。基斯兰奴海滩给我的印象难以磨灭。

温哥华海边沙滩上散步的老人　高祥生摄于 2011 年 8 月

温哥华海边沙滩上休憩的人与狗　高祥生摄于 2011 年 8 月

温哥华基斯兰奴海滩的傍晚（一）　高祥生摄于 2011 年 8 月

温哥华基斯兰奴海滩的傍晚（二） 高祥生摄于 2011 年 8 月

温哥华基斯兰奴海滩的傍晚（三） 高祥生摄于 2016 年 8 月

温哥华基斯兰奴海滩的傍晚（四） 高祥生摄于 2016 年 8 月

温哥华基斯兰奴海滩的傍晚（五） 高祥生摄于 2016 年 8 月

温哥华基斯兰奴海滩的傍晚（六）　高祥生摄于 2016 年 8 月

温哥华基斯兰奴海滩的傍晚（七）　高祥生摄于 2016 年 8 月

基斯兰奴海滩上的枯树（一） 高祥生摄于 2011 年 8 月

基斯兰奴海滩上的枯树（二） 高祥生摄于 2011 年 8 月

基斯兰奴海滩上的枯树（三） 高祥生摄于 2011 年 8 月

8. 温哥华维多利亚内港

温哥华维多利亚内港（一）　高祥生摄于 2011 年 8 月

维多利亚是加拿大不列颠哥伦比亚省首府，位于加拿大西南的温哥华岛的南端，是温哥华岛上最大的城市和不冻港。

维多利亚内港我去了两次，我是被港口帆船的美态吸引的。那船的形态，那桅杆和倒映在水中的影子，与我学素描时临摹的考斯基笔下的景致十分相似，我怀疑考斯基也曾来过这里。

温哥华维多利亚内港（二）　高祥生摄于 2011 年 8 月

温哥华太平洋西岸海边的山峦、海水和礁石　　高祥生摄于 2011 年 8 月

温哥华太平洋西岸的海边沙滩（一）　　高祥生摄于 2011 年 8 月

温哥华太平洋西岸的海边沙滩（二）　　高祥生摄于 2011 年 8 月

9.UBC

UBC 是不列颠哥伦比亚大学的简称，UBC 的校区有两处，在温哥华城郊的是 UBC 最大的校区，校区的占地面积超 400 公顷。

校区内设有许多学术机构，其中就有著名的 UBC 人类学博物馆、UBC 植物园。植物园中设有日式园林景观，人类学博物馆特别关注不列颠哥伦比亚省的原住民和其他文化社区，另外校园内还有华人文物的展示区。

UBC 温哥华校区坐落在大洋岸边，三面环海，有怡人的气候，绵延的海岸线，美丽的大海与沙滩，人们都说它是世界上最美的校区。

（参考百度百科结合现场参观撰写）

UBC 温哥华校区内华人文物展示区（一） 高祥生摄于 2011 年 8 月

UBC 温哥华校区内华人文物展示区（二） 高祥生摄于 2011 年 8 月

UBC 温哥华校区内日式园林（一） 高祥生摄于 2011 年 8 月

UBC 温哥华校区内日式园林（二） 高祥生摄于 2011 年 8 月

UBC 温哥华校区内日式园林（三） 高祥生摄于 2011 年 8 月

UBC 人类学博物馆（一） 高祥生摄于 2011 年 8 月

10.UBC 人类学博物馆

UBC 人类学博物馆，创办于 1947 年，位于 UBC 温哥华校区内，主要收藏世界各地人类学和人种学的资料和文物，是加拿大最大的教学博物馆。1976 年，由加拿大建筑师阿瑟·埃里克森设计的新馆落成，新馆的设计灵感源于加拿大原住民的梁柱式建筑结构。1990 年，博物馆又增建了图书馆、教研实验室、展览厅等空间。现展示面积达 7422 平方米。博物馆藏有 38 000 多件人种志文物及 535 000 件考古学文物，其中大部分是加拿大第一民族（俗称"印第安人"）的相关文物。

（参考百度百科结合现场参观编撰）

UBC 人类学博物馆（二） 高祥生摄于 2011 年 8 月

UBC 人类学博物馆展品（一） 高祥生摄于 2011 年 8 月

UBC 人类学博物馆展品（二） 高祥生摄于 2011 年 8 月

UBC 人类学博物馆入口地面铺装　高祥生摄于 2011 年 8 月

UBC 人类学博物馆展厅　高祥生摄于 2011 年 8 月

11. 温哥华街景

温哥华的街景没有特别吸引我的地方，温哥华的街景上海、南京等地都有，上海、南京的甚至更为时尚。

温哥华的城市建设显然要比中国大城市的建设慢一个节拍，甚至两个节拍，它吸引我的，并促使我两次前往的动力一是想看看儿子，二是温哥华的自然风光。

我去的两次都没有看到特别惊艳、靓丽的建设。

温哥华街景（一）　高祥生摄于 2011 年 8 月

温哥华街景（二）　高祥生摄于 2011 年 8 月

温哥华街景（三）　高祥生摄于 2011 年 8 月

12. 温哥华国际机场

温哥华国际机场是位于加拿大不列颠哥伦比亚省里士满海岛的一个民用国际机场，是加拿大面积第二大也是第二繁忙的国际机场。

温哥华国际机场给我印象最深的是候机场大厅中的景观设计：原住民的生活环境、原住民劳作的工具……这些都给这个机场增添了历史文化魅力。

（参考百度百科，根据现有实景编撰）

温哥华国家机场出发厅（一）　高祥生摄于 2011 年 8 月

温哥华国家机场出发厅（二）　高祥生摄于 2011 年 8 月

二、惠斯勒

奥丹艺术博物馆入口　高祥生摄于 2016 年 8 月

1. 奥丹艺术博物馆

奥丹博物馆坐落在不列颠哥伦比亚省惠斯勒市一片已开垦的草坪上。博物馆的室内几乎都采用浅色的木杉饰面，同时也使用了玻璃和金属。

博物馆由温哥华 Patkau 建筑事务所设计。博物馆设有 10 个展厅，藏有珍贵艺术品近 200 件。

奥丹艺术博物馆入口楼梯　高祥生摄于 2016 年 8 月

奥丹艺术博物馆（一）　高祥生摄于 2016 年 8 月

奥丹艺术博物馆（二）　高祥生摄于 2016 年 8 月

加奥丹艺术博物馆室内（一）　高祥生摄于 2016 年 8 月

奥丹艺术博物馆室内（二）　高祥生摄于 2016 年 8 月

奥丹艺术博物馆室内（三）　高祥生摄于 2016 年 8 月

2. 惠斯勒小镇

惠斯勒是加拿大的一个山谷小镇，因 2010 年温哥华冬季奥运会而闻名世界。冬季奥运会后，惠斯勒被评为世界上最好的滑雪度假区和北美两大滑雪场之一，后来发展成全年性的综合度假胜地。

惠斯勒距离温哥华市约 120 千米。这里山高且陡峭，有些山终年积雪，夏季亦可滑雪，并且森林和湖泊众多。每年 10 月到来年 5 月，便是一片林海雪原的壮观景致，冰雪与其下方郁郁葱葱的森林构成了美丽的风景线。

（根据百度百科资料和实地调研整理成文）

惠斯勒小镇的山峦、湖泊、森林（一）　高祥生摄于 2016 年 8 月

惠斯勒小镇的山峦、湖泊、森林（二）　高祥生摄于 2016 年 8 月

惠斯勒滑雪小镇上的奥运五环标志　高祥生摄于 2016 年 8 月

惠斯勒一酒店夜景（一）　高祥生摄于 2016 年 8 月

惠斯勒一酒店夜景（二）　高祥生摄于 2016 年 8 月

英国

一、伦敦

1. 威斯敏斯特教堂

　　威斯敏斯特教堂亦译为"西敏寺"，坐落在伦敦泰晤士河北岸。

　　作为英国中世纪建筑的主要代表，威斯敏斯特教堂是哥特式建筑。

　　教堂建筑的数个由彩色玻璃嵌饰的尖顶并列在一起，显得别致动人。

　　这里墓室累累，纪念碑林立。这里有著名政治家、科学家、军事家、文学家的墓地，诸如丘吉尔、牛顿、达尔文、狄更斯、布朗宁、霍金等人之墓。耳堂南翼的"诗人角"就是诗人和作家墓祠的荟萃地。在教堂或具有特别纪念意义的建筑物中，大都会专为杰出的人物划出一席之地。如法国的名人葬在先贤祠，而英国的名人身后则有幸进入威斯敏斯特教堂。

　　威斯敏斯特教堂还是历代英国国王加冕登基、举行婚葬仪式的地方。

威斯敏斯特教堂（一）　高祥生摄于 2013 年 8 月

131

威斯敏斯特教堂（二）　高祥生摄于 2013 年 8 月

2. 英国国会大厦

英国国会大厦、大本钟和威斯敏斯特教堂相连在一起　高祥生摄于 2013 年 8 月

　　英国国会大厦，又名威斯敏斯特宫，是英国议会的所在地。英国国会大厦是典型的哥特式建筑风格，1987 年被列入《世界遗产名录》。大厦位于伦敦的中心威斯敏斯特区，泰晤士河西北岸，与著名的大本钟相邻。

　　威斯敏斯特宫在英国历史上一直扮演着重要角色，它的大厅是现存唯一保留下来的 1097 年的建筑物。大厅的顶棚构造是整个建筑的精华之处。大厅曾被用作重大仪式的举办场所，从 12 世纪到现今，王室的重大活动一直在此举行，如用于国葬前追悼会的遗体陈列。

以大本钟为主体的建筑群　高祥生摄于 2013 年 8 月

3. 泰晤士河

泰晤士河发源于英格兰的科茨沃尔德丘陵，为英国著名的河流，全长338千米，横贯英国首都伦敦与沿河的10多座城市，流域面积1.5万平方千米，在伦敦下游河面变宽，形成一个宽度为29千米的河口，注入北海。

伦敦塔桥是泰晤士河上一座几经重建的大桥，位于泰晤士河的下游，邻近伦敦塔。

伦敦眼坐落在泰晤士河畔，是世界上首座观景摩天轮，为伦敦的地标及知名旅游观光点之一。

泰晤士河上的伦敦塔桥　高祥生摄于2013年8月

伦敦眼　高祥生摄于2013年8月

泰晤士河的上空　高祥生摄于2013年8月

4. 泰特美术馆

泰特美术馆于 1897 年首次对外开放，当时官方的名称是国立英国艺术美术馆。我的老师在 20 世纪 30 年代留学英国时常去该美术馆观摩学习。该美术馆以其创始人糖业大亨亨利·泰特的名字命名，从此便一直被称为现在大家所熟知的泰特美术馆。

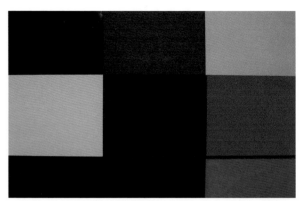

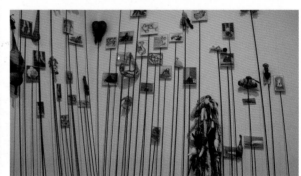

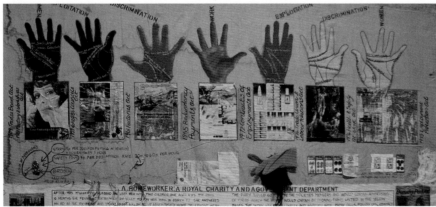

泰特美术馆的馆藏作品集选（一） 高祥生摄于 2013 年 8 月

泰特美术馆开始主要用来收藏亨利·泰特爵士赠送给国家的 19 世纪英国绘画和雕塑，以及一些从英国国家美术馆转移来的英国绘画。泰特美术馆首次向公众开放时只有一个场馆，现在有四个主要场馆。我去时，泰特美术馆专门收藏现代艺术品。

泰特美术馆的馆藏作品集选（二）　高祥生摄于 2013 年 8 月

泰特美术馆的馆藏作品集选（三） 高祥生摄于 2013 年 8 月

5. 伦敦街头夜景

伦敦街头夜景　高祥生摄于 2013 年 8 月

这是伦敦邻近伦敦塔的街头夜景。

6. 白金汉宫广场

白金汉宫是英国的王宫，建造在威斯敏斯特城内，是一座四层楼建筑。白金汉宫广场有胜利女神像站在高高的大理石台上，金光闪闪。雕塑的台阶上簇拥着许多男男女女，老老少少。

广场的一侧就是白金汉宫，大门上有精致鎏金花式，格外引人注目。白金汉宫的周边时有训练有素的英国皇家卫队巡逻，他们身穿礼仪服饰，佩戴着军剑，很威武，但动作迟缓。不知道白金汉宫英国皇家卫队是不是在例行公务，不过这时在围观英国皇家卫队的游人也在增加。

白金汉宫围栏　高祥生摄于 2013 年 8 月

白金汉宫广场上的维多利亚女王纪念碑　高祥生摄于 2013 年 8 月

白金汉宫广场上的人　高祥生摄于 2013 年 8 月

英国皇家卫队（一） 高祥生摄于 2013 年 8 月

英国皇家卫队（二） 高祥生摄于 2013 年 8 月

白金汉宫花园（一） 高祥生摄于 2013 年 8 月

白金汉宫花园（二） 高祥生摄于 2013 年 8 月

与白金汉宫相比，花园显得形体优雅、宁静。

7. 伦敦塔

伦敦塔是伦敦的一座标志性的宫殿，也是要塞，坐落在泰晤士河北岸。说是塔，实际上无论从功能上还是从外形上讲，它都应是一座城堡。所以伦敦塔曾经就用作国库、天文台、监狱等。留给我印象最深的是伦敦塔下曾铺设了 80 万朵陶瓷罂粟花，纪念在一战中阵亡的 80 万名士兵。

另外，伦敦塔的设计是英国各个时代智慧的结晶，反映着英国不同时代的不同建筑风格。

更值得一提的是，伦敦塔藏宝无数，是英国人心中的"故宫"，也是体现英国历史文化价值的典型代表作，是当之无愧的世界文化遗产。

伦敦塔　高祥生摄于 2013 年 8 月

8. 剑桥大学中的桥

英国剑桥大学的桥很有名气，在中国也有名气，很可能是因为诗人徐志摩写的《再别康桥》，诗中有"轻轻的我走了，正如我轻轻的来……"。我参观了剑桥的所有桥，读了徐先生的诗，实在喜欢不起来。论桥，江南的小桥更有趣味；论诗，我不喜欢脂粉气重的诗句。

叹息桥有名可能是因维多利亚女王参观这座桥时，赞叹不已："这么秀丽！这么别致！"

意大利威尼斯也有一座叹息桥，名气更大。其实这两座桥从体量上或式样上评价，都是普通的桥。但被说得多了就有名了，有名了就会认为它们真是"秀丽"，真是"别致"。

剑桥大学中的桥（一）　高祥生摄于 2013 年 8 月

数学桥又称牛顿桥，是位于王后学院内的一座木桥。看上去挺不起眼，但关于它的故事却很动听。这座桥是牛顿运用数学和力学原理设计的，整座桥上没有使用一根钉子，堪称奇迹。

剑桥大学中的桥（二）　高祥生摄于 2013 年 8 月

9. 剑桥大学中的苹果树

剑桥大学中的苹果树　高祥生摄于 2013 年 8 月

　　这是在剑桥大学校园中一棵看起来极为普通的苹果树，据说牛顿从树上掉下苹果的瞬间开启了对万有引力的认知，是否确有其事，我也没有看到科学的考证。

144

10. 大英博物馆

大英博物馆（一）　高祥生摄于 2013 年 8 月

大英博物馆（二）　高祥生摄于 2013 年 8 月

　　大英博物馆，又称"不列颠博物馆"，位于英国伦敦市中心。大英博物馆历史悠久、规模宏伟，是世界上规模最大、最著名的博物馆之一。博物馆收藏了世界各地的文物和珍品及很多伟大科学家的手稿，藏品之丰富、种类之繁多，为全世界博物馆所罕见。大英博物馆拥有藏品 800 多万件。由于空间限制，有 99% 的藏品未能公开展出。

18 世纪至 19 世纪中叶，英帝国向世界扩张，对各国进行 文化掠夺，大量珍贵文物运抵伦敦，数量之多，大英博物馆盛 不下，只得分藏于各个博物馆。

（根据百度百科资料整理成文）

大英博物馆的馆藏作品集选（一）　高祥生摄于 2013 年 8 月

我们在大英博物馆看到了古希腊、古罗马的人物雕刻局部，神庙的局部，看到了古希腊裸体的或着衣的人物雕刻、动物雕刻……雕刻的人物神形兼备，建筑精致、典型。我看到了古埃及的狮兽雕刻、彩陶罐、彩陶器皿。我在思索：在古埃及、古希腊、古罗马创造文明的时代，大不列颠在哪里？他们的文明是什么时间？古埃及、古希腊、古罗马的文物是以什么方式出现在大不列颠博物馆的？答案很简单，是战争，是掠夺，使这些文物来到了大不列颠博物馆。

在大英博物馆，我特别关注中国的文物，这里有中国的人物瓷器，有中国的彩陶，有用彩陶烧制的瓶罐，有中国的绘画作品……看着这些来自中国的艺术瑰宝，有些文物的艺术价值已超过国内顶级博物院藏品的艺术价值，我有些发怵了，不由自主地靠近细细观赏。博物馆的管理人员很文明、优雅地警示我不要靠近这些文物，我很无奈地看了看她，然后也很礼貌地回应：我不会毁坏这些文物的，也不会拿走这些文物的。我不知道她能否听懂中文，但我觉得我必须这样回应。

离开大英博物馆后的一两天里，我的心情一直是沉重的，有时还会感到愤怒。

大英博物馆的馆藏作品集选（二）　高祥生摄于 2013 年 8 月

大英博物馆的馆藏作品集选（三）　高祥生摄于 2013 年 8 月

大英博物馆的馆藏作品集选（四）　高祥生摄于 2013 年 8 月

11. 伦敦斯特拉特福镇

众所周知，英国在文艺复兴时期出了一位伟大的戏剧家、诗人莎士比亚，莎士比亚是英国的骄傲，英国以外的人谈到英国时必然会谈莎士比亚，而英国人介绍英国时也必然会介绍莎士比亚。威廉·莎士比亚是伟大的，而这位伟大的人物就出生在一个名叫斯特拉特福的小镇上。在这个镇和镇的附近有5幢与莎士比亚有关的建筑，我们很明确地选择了莎士比亚出生地、安妮·哈瑟维小屋、霍尔小园和纳什故居进行参观。莎士比亚出生地还保留着莎翁出生时的所有陈设，在这似乎还能感受到莎翁童年的乐趣。

伦敦斯特拉特福镇是莎士比亚的故乡（一）　高祥生摄于 2013 年 8 月

英国因莎翁对世界文坛的贡献而生光增色，斯特拉特福小镇因是莎翁的出生地而光芒四射，充满魅力，吸引世人前往瞻仰。

伦敦斯特拉特福镇是莎士比亚的故乡（二）　高祥生摄于 2013 年 8 月

伦敦斯特拉特福镇是莎士比亚的故乡（三）　高祥生摄于 2013 年 8 月

伦敦斯特拉特福镇是莎士比亚的故乡（四）　高祥生摄于 2013 年 8 月

曼彻斯特阿尔伯特纪念碑　高祥生摄于 2013 年 8 月

二、英格兰

曼彻斯特阿尔伯特纪念碑

　　这是一幢哥特式塔楼，岁月留痕，沧桑无情，但阿尔伯特纪念碑风采依然，阿尔伯特阅尽英伦的兴衰，淡定地伫立在拱门内。

三、苏格兰

1. 爱丁堡的雨天

爱丁堡的圣吉尔斯大教堂仍然精神抖擞，教堂外簇拥着无数民众。雨天爱丁堡街上行人仍络绎不绝。

爱丁堡雨天的圣吉尔斯大教堂　高祥生摄于 2013 年 8 月

雨天的爱丁堡　高祥生摄于 2013 年 8 月

2. 苏格兰街头的音乐人

这是我见到的最具苏格兰特色的街头演奏者，演奏似乎不是商业的，这倒是苏格兰街头的独具民族特色的风景。

苏格兰街头的音乐人　高祥生摄于 2013 年 8 月

3. 开尔文格罗夫美术馆和博物馆

开尔文格罗夫美术馆和博物馆（一）　高祥生摄于 2013 年 8 月

开尔文格罗夫美术馆和博物馆（二）　高祥生摄于 2013 年 8 月

开尔文格罗夫美术馆和博物馆（三）　高祥生摄于 2013 年 8 月

开尔文格罗夫美术馆和博物馆位于苏格兰格拉斯哥西区的亚皆老街，开尔文河畔。

馆内收藏了欧洲多个时期的绘画作品，另外馆内收藏了优质的武器、装甲设备和大量的自然藏品。

开尔文格罗夫美术馆和博物馆室内（一）　高祥生摄于 2013 年 8 月

开尔文格罗夫美术馆和博物馆室内（二）　高祥生摄于 2013 年 8 月

开尔文格罗夫美术馆和博物馆室内（三）　高祥生摄于 2013 年 8 月

开尔文格罗夫美术馆和博物馆的馆藏作品集选　　高祥生摄于 2013 年 8 月

爱尔兰
都柏林
1. 爱尔兰国家美术馆

爱尔兰国家美术馆入口大厅一角　高祥生摄于 2013 年 8 月

爱尔兰国家美术馆坐落于都柏林的梅林广场西,它是一个专门收集、保护和展出爱尔兰艺术和欧洲艺术的美术馆。

爱尔兰国家美术馆的藏品达上万件,其中有从 13 世纪早期至 20 世纪中期的艺术作品,这些作品来自西班牙、法国、意大利、德国、荷兰、英国和美国等。爱尔兰国家美术馆藏有 2500 多件油画、5000 多件素描和众多雕塑、家具等。其中最具代表性的莫过于爱尔兰画家杰克·叶芝的 30 多件优秀绘画作品,叶芝是爱尔兰 20 世纪最重要的画家之一。

爱尔兰国家美术馆建成时是当时英国最具现代风格的美术馆。

爱尔兰国家美术馆展厅的共享空间　高祥生摄于 2013 年 8 月

爱尔兰国家美术馆的展示空间　高祥生摄于 2013 年 8 月

2. 切斯特·比蒂图书馆

切斯特·比蒂图书馆位于爱尔兰首都都柏林，用于收藏矿业大亨阿尔弗雷德·切斯特·比蒂爵士的藏品。

馆内有来自亚洲、中东、北非和欧洲的各种手抄本、版画、微型画、早期印刷书籍和艺术品等。

图书馆具备以下设施：展览厅、阅览室、教育性和外展节目，以及为专家学者和研究人员提供的各种服务。

馆中藏有数本《四库全书》，作为一个私人图书馆，怎么会有中国的《四库全书》，发人深省。

（根据百度百科资料整理成文）

切斯特·比蒂图书馆　高祥生摄于 2013 年 8 月

3. 都柏林城堡

都柏林城堡　高祥生摄于 2013 年 8 月

　　都柏林城堡是都柏林市内最古老的建筑之一，是英格兰的约翰王下令建造的，用以盛放国王的金银珠宝。而今虽然金银珠宝已不知去向，但城堡却老而弥坚。中间的古堡大厅曾经是英国总督的官邸，现作为举行重要活动的场所。紧挨城堡的

18 世纪建筑是都柏林市政厅的所在地。

　　在爱尔兰人民争取独立的武装斗争中，都柏林城堡是历次起义的首要打击目标，是爱尔兰民族独立的象征。

（根据百度百科资料整理成文）

都柏林布朗·托马斯百货　高祥生摄于 2013 年 8 月

4. 都柏林的商场

都柏林街道上的商店　高祥生摄于 2013 年 8 月

英国时尚的商场很少，而爱尔兰都柏林布朗·托马斯百货则是例外，新颖的柱式，顶棚上一圈圈发光的光带让人过目不忘。

英国街道上商店店面的设计大多很平淡。

法国
巴黎
1. 卢浮宫博物馆

卢浮宫博物馆外立面（一）　高祥生摄于 2018 年 6 月

卢浮宫博物馆外立面（二）　高祥生摄于 2018 年 6 月

卢浮宫博物馆外立面（三）　高祥生摄于 2018 年 6 月

卢浮宫博物馆室内（一） 高祥生摄于 2018 年 6 月

卢浮宫博物馆室内（二） 高祥生摄于 2018 年 6 月

卢浮宫博物馆室内（三） 高祥生摄于 2018 年 6 月

2. 卢浮宫博物馆中的部分著名雕塑

卢浮宫博物馆中的雕塑（一）　高祥生摄于 2018 年 6 月

卢浮宫博物馆中的雕塑（二）　高祥生摄于 2018 年 6 月

卢浮宫博物馆中的雕塑（三）　高祥生摄于 2018 年 6 月

卢浮宫博物馆中的雕塑（四）　高祥生摄于 2018 年 6 月

卢浮宫博物馆中的雕塑（五） 高祥生摄于 2018 年 6 月

卢浮宫博物馆中的雕塑（六） 高祥生摄于 2018 年 6 月

卢浮宫博物馆中的雕塑（七）　高祥生摄于 2018 年 6 月

卢浮宫博物馆中的雕塑（八）　高祥生摄于 2018 年 6 月

卢浮宫博物馆中的雕塑（十）　高祥生摄于 2018 年 6 月

卢浮宫博物馆中的雕塑（十一）　高祥生摄于 2018 年 6 月

卢浮宫博物馆中的雕塑（九）　高祥生摄于 2018 年 6 月

3. 卢浮宫博物馆中的部分著名绘画

卢浮宫博物馆中的绘画（一）　高祥生摄于 2018 年 6 月

卢浮宫博物馆中的绘画（二）　高祥生摄于 2018 年 6 月

卢浮宫博物馆馆藏的绘画作品集选（一）　高祥生摄于 2018 年 6 月

卢浮宫博物馆馆藏的绘画作品集选（二）　高祥生摄于 2018 年 6 月

4. 拉·维莱特公园

拉·维莱特公园（一） 高祥生摄于 2018 年 6 月

拉·维莱特公园，位于巴黎东北部，远离城市中心，规划范围 55 公顷，其中公园绿地面积 35 公顷，是巴黎市区内最大的公园之一。

拉·维莱特公园是法国总统密特朗在任期间为纪念法国大革命 200 周年而主持在巴黎建设的九大工程之一。当时法国政府为此组织了一场公开的国际竞赛。公园在建造之初，目标就定为：一个属于 21 世纪的充满魅力的、独特并且有深刻思想意义的公园。最终著名建筑师伯纳德·屈米的方案赢得了这次竞赛。

屈米提出了"园在城中，城在园中"的城市公园模式，力求创造一种公园与城市完全融合的结构，改变园林和城市分离的传统。这一结构并非停留在将公园的林荫道延伸到城市之中的简单层次，而是要做到城市里面有公园的要素，公园里面有城市的格局和建筑。

屈米还提出了"昼夜公园"的概念。他认为法国的公园只在白天开放，而真正需要公园放松身心的工作人口没有时间使用公园。为此，应借助美丽的夜景吸引公众夜晚到公园中来。由此带来的人气又避免公园成为夜晚的犯罪多发地，起到改善社会治安的目的。

拉·维莱特公园（二）　高祥生摄于 2018 年 6 月

屈米作为一名建筑设计帅，在规划设计公园景观的时候，能够不受传统园林设计规则的思维限制，另辟蹊径，创造了"世界上最庞大的间断建筑"，并将解构主义建筑的分拆和碎裂的技巧发挥到了极致。与此同时，当他以建筑师的身份设计园林的时候，他的建筑思维会使园林设计有所创新和突破，但也正是由于其建筑师的身份，在拉·维莱特公园的设计中对解构主义思想的揣摩和应用具有了某种局限性，从而也限制了解构主义园林的发展空间。

拉·维莱特公园（三）　高祥生摄于 2018 年 6 月

拉·维莱特公园（四） 高祥生摄于 2018 年 6 月

解构主义这种对传统单一思维模式有所突破的思维，给景观设计师提供了一种新的思维方式和设计方法，并在此基础上产生了新的审美形式和法则。这在"千城一面"、盲目抄袭和滥用传统符号的城市景观设计现状面前，无疑具有重大的现实意义，它给现代城市景观设计注入了新的血液，提供了一种新的设计观念。解构主义的解构手法和形式语言直接被现代景观设计所利用，进一步扩大了景观设计的艺术视野，丰富了现代景观设计的形式语言。

拉·维莱特公园（五） 高祥生摄于 2018 年 6 月

拉·维莱特公园（六） 高祥生摄于 2018 年 6 月

拉·维莱特公园（七） 高祥生摄于 2018 年 6 月

5. 奥赛博物馆馆藏绘画

奥赛博物馆是由废弃多年的奥赛火车站改建而成，1986年年底建成开馆。改建后的博物馆长140米，宽40米，高32米，馆顶使用了3.5万平方米的玻璃天棚。博物馆实用面积5.7万多平方米，共拥有展厅或陈列室80个，展览面积4.7万平方米，其中长期展厅1.6万平方米。馆内主要陈列1848—1914年创作的西方艺术作品，包括绘画、雕塑、装饰品、摄影作品、建筑设计图等，展出了现实主义、印象主义、象征主义、分离主义、画意摄影主义等流派大师的艺术作品。

奥赛博物馆馆藏的绘画作品集选（一）　高祥生摄于2018年6月

奥赛博物馆与卢浮宫博物馆、蓬皮杜中心一起被称为巴黎三大艺术博物馆。奥赛博物馆内陈列的西方艺术作品，聚集了法国近代文化艺术的精华，填补了法国文化艺术发展史上从古代艺术到现代艺术之间的空白，从而成为连接古代艺术殿堂卢浮宫博物馆和现代艺术殿堂蓬皮杜中心的完美的中间过渡性博物馆。

（根据百度百科资料编撰）

奥赛博物馆馆藏的绘画作品集选（二）　高祥生摄于 2018 年 6 月

6. 蓬皮杜中心

蓬皮杜中心（一） 高祥生摄于 2018 年 6 月

蓬皮杜中心（二） 高祥生摄于 2018 年 6 月

1969年，法国总统乔治·蓬皮杜倡议兴建一座现代艺术馆。经过国际竞图，从来自49个国家的681个方案中选出一个作为兴建建筑的造型风格。获胜者为意大利的伦佐·皮亚诺和英国的理查德·罗杰斯。建筑于1972年正式动工，1977年建成，同年2月开馆。建筑完工启用时就命名为蓬皮杜中心，以兹纪念。

整座建筑占地7500平方米，建筑面积共10万平方米，南北长168米，宽60米，高42米，分为6层。

整座建筑共分为工业设计中心、公共信息报图书馆、现代艺术博物馆以及音乐与声响研究中心四大部分。

蓬皮杜中心建筑物最大的特色，就是外露的钢骨结构和复杂的管线。兴建后，引起诸多争议。这些外露的复杂管线，颜色是有规则的。空调管路是蓝色的，水管是绿色的，电力管路是黄色的，而自动扶梯是红色的。

尽管有一些争议，但开馆四十多年来，蓬皮杜中心已吸引数以亿计人次入馆参观。

如果说卢浮宫博物馆代表着法兰西的古代文明，那么蓬皮杜中心便是现代巴黎的象征。

（根据百度百科资料编撰）

蓬皮杜中心（三）　高祥生摄于2018年6月

蓬皮杜中心（四） 高祥生摄于 2018 年 6 月

蓬皮杜中心（五） 高祥生摄于 2018 年 6 月

蓬皮杜中心（六）　高祥生摄于 2018 年 6 月

荷兰

一、阿姆斯特丹

1. 阿姆斯特丹概览

阿姆斯特丹的滨河建筑（一）　高祥生摄于 2018 年 6 月

阿姆斯特丹的滨河建筑（二）　高祥生摄于 2018 年 6 月

阿姆斯特丹的滨河建筑（三）　高祥生摄于 2018 年 6 月

阿姆斯特丹 EYE 电影学院　高祥生摄于 2018 年 6 月

阿姆斯特丹市立博物馆的底层大厅　高祥生摄于 2018 年 6 月

阿姆斯特丹市立博物馆（一）　高祥生摄于 2018 年 6 月

阿姆斯特丹市立博物馆（二）　高祥生摄于 2018 年 6 月

阿姆斯特丹市立博物馆（三）　高祥生摄于 2018 年 6 月

阿姆斯特丹市立博物馆（四）　高祥生摄于 2018 年 6 月

阿姆斯特丹 EYE 电影学院室内空间（一） 高祥生摄于 2018 年 6 月

阿姆斯特丹 EYE 电影学院室内空间（二） 高祥生摄于 2018 年 6 月

阿姆斯特丹 EYE 电影学院室内空间（三）　高祥生摄于 2018 年 6 月

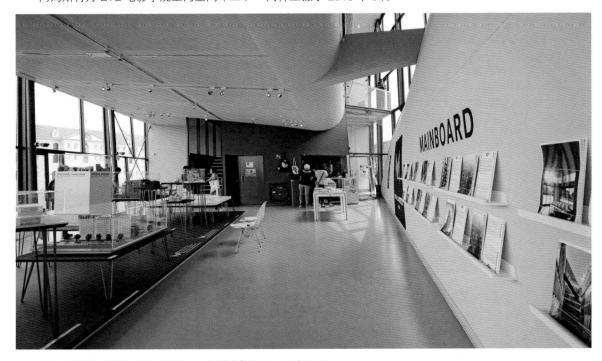

阿姆斯特丹建筑协会室内展厅　高祥生摄于 2018 年 6 月

2. 荷兰国立博物馆

荷兰国立博物馆（一）　高祥生摄于 2018 年 6 月

荷兰国立博物馆中伦勃朗画作（一）　高祥
生摄于 2018 年 6 月

荷兰国立博物馆中伦勃朗画作（二）
高祥生摄于 2018 年 6 月

荷兰国立博物馆中伦勃
朗画作（三）　高祥生摄于
2018 年 6 月

荷兰国立博物馆中伦勃朗画作（四）
高祥生摄于 2018 年 6 月

荷兰国立博物馆（二）　高祥生摄于 2018 年 6 月

荷兰国立博物馆中展品　高祥生摄于 2018 年 6 月

二、鹿特丹

1. 鹿特丹的 "方块屋"

鹿特丹 "方块屋" 的露台（一） 高祥生摄于 2018 年 6 月

鹿特丹 "方块屋" 的露台（二） 高祥生摄于 2018 年 6 月

2. 鹿特丹拱廊市场

鹿特丹拱廊市场　高祥生摄于 2018 年 6 月

鹿特丹拱廊市场室内（一）　高祥生摄于 2018 年 6 月

鹿特丹拱廊市场室内（二）　高祥生摄于 2018 年 6 月

鹿特丹拱廊市场室内（三）　高祥生摄于 2018 年 6 月

鹿特丹拱廊市场室内（四）　高祥生摄于 2018 年 6 月

鹿特丹"天鹅桥" 高祥生摄于 2018 年 6 月

鹿特丹大厦（一） 高祥生摄于 2018 年 6 月

鹿特丹大厦（二）　高祥生摄于 2018 年 6 月

鹿特丹大厦（三）　高祥生摄于 2018 年 6 月

荷兰建筑协会总部大楼外立面　高祥生摄于 2018 年 6 月

荷兰建筑协会总部大楼室内　高祥生摄于 2018 年 6 月

鹿特丹中央图书馆外立面　高祥生摄于 2018 年 6 月

鹿特丹现代艺术馆室内　高祥生摄于 2018 年 6 月

鹿特丹现代艺术馆外立面　高祥生摄于 2018 年 6 月

鹿特丹运河边上五彩的房屋　高祥生摄于 2018 年 6 月

鹿特丹士迪辰酒店　高祥生摄于 2018 年 6 月

比利时

布鲁塞尔

1. 布鲁塞尔中心迷笛铂尔曼酒店

　　酒店坐落在布鲁塞尔南站南侧的维克托·奥尔塔广场上，距离布鲁塞尔大广场、新街和"撒尿小孩"铜像均有 15 分钟步行路程。酒店附近拥有多家商店和国际餐馆，酒店直通布鲁塞尔南站。

　　布鲁塞尔中心迷笛铂尔曼酒店是我见到的形态最时尚但又不"离谱"的酒店之一。

布鲁塞尔中心迷笛铂尔曼酒店（一）　高祥生摄于 2018 年 6 月

布鲁塞尔中心迷笛铂尔曼酒店（二）　高祥生摄于 2018 年 6 月

布鲁塞尔中心迷笛铂尔曼酒店（三）　高祥生摄于 2018 年 6 月

2. 布鲁塞尔大广场

　　布鲁塞尔大广场位于比利时首都布鲁塞尔市中心，始建于 12 世纪，是欧洲最有名的广场之一。1998 年作为文化遗产被列入《世界遗产名录》。

　　环广场的建筑物多为中世纪所建，建筑多为哥特式、古典风格式样，大广场一直是布鲁塞尔举行重要活动的地方。

　　广场上的天鹅餐厅是马克思和恩格斯曾经生活、工作过的地方，著名的《共产党宣言》就是在这里写成。现在餐厅内仍保留着当年马克思、恩格斯写作用的桌椅，墙上还挂有马克思的肖像。

　　广场富有生活气息，设有各种酒吧、餐馆等，人们坐在广场上悠闲自在。法国作家维克多·雨果也曾居住在市政厅对面餐厅二楼有红色玻璃的房间。他赞美这里是"世界上最美丽的广场"。

布鲁塞尔大广场（一）　高祥生摄于 2018 年 6 月

布鲁塞尔大广场的天鹅餐厅（一）　高祥生摄于 2018 年 6 月

布鲁塞尔大广场的天鹅餐厅（二）　高祥生摄于 2018 年 6 月

布鲁塞尔大广场（二）　高祥生摄于 2018 年 6 月

布鲁塞尔大广场周边的小巷子　高祥生摄于 2018 年 6 月

广场的周边大都是哥特式建筑，建筑屋顶形态各异，连绵不断，非常优美。

露天餐桌对面小巷口的底层曾是雨果工作、居住的地方。

3. 布鲁塞尔原子球塔

布鲁塞尔原子球塔（一）　高祥生摄于 2018 年 6 月

　　比利时首都布鲁塞尔西北郊的海塞尔高地有一座几乎可以与法国埃菲尔铁塔比肩的原子球塔，它是布鲁塞尔十大名胜之一。

　　这是一座造型独特、气势宏伟的令人叹为观止的庞大构筑物。高约 102 米，重达 2200 吨，由 9 个巨大的不锈钢圆球做节点连贯，从而构成相当于放大 1650 亿倍的 α 铁的正方体晶体结构。每个圆球直径约 18 米，圆球内又分为上、下两层。圆球和圆球之间由长 26 米、直径约 3 米的不锈钢管相连接。从地面到顶端最高的圆球之间设有快速直达电梯，而其他各个圆球内都装有自动电扶梯，人们在每个圆球之间都可以自由往来。据介绍，整座原子球塔可同时接纳 250 人参观游览，另有一个可容 140 人同时用餐的大餐厅。位于原子球塔最高端的圆球是一个专供游客们观赏风景的观光区，高约 92 米，大体与埃菲尔铁塔的第二层观光区在同一个高度上。游客在此可以通过四周的有机透明玻璃，俯瞰布鲁塞尔的市容市貌，尽情领略周边的迷人风景。

（根据百度百科资料编撰）

布鲁塞尔原子球塔（二）　高祥生摄于 2018 年 6 月

4. 布鲁塞尔 ADAM 设计博物馆

布鲁塞尔 ADAM 设计博物馆入口门厅　高祥生摄于 2018 年 6 月

　　比利时虽然是一个小国，但在文化艺术上，在建筑装饰上都很前卫、很有特色。
布鲁塞尔 ADAM 设计博物馆就是很好的例子。

布鲁塞尔 ADAM 设计博物馆展厅内（一）　高祥生摄于 2018 年 6 月

布鲁塞尔 ADAM 设计博物馆展厅内（二）　高祥生摄于 2018 年 6 月

布鲁塞尔 ADAM 设计博物馆展厅内（三）　高祥生摄于 2018 年 6 月

波罗的海　高祥生摄于 2017 年 6 月

芬兰

一、波罗的海

　　波罗的海位于北欧，是世界上盐度最低的海。长 1600 多千米，平均宽度 190 千米，面积 42 万平方千米，总贮水量达 2.3 万立方千米，是地球上最大的半咸水水域，水深一般为 70~100 米，平均深度为 55 米，最深处哥特兰沟深 459 米。

　　波罗的海被西欧各国如英国、丹麦、德国、荷兰等国称为东海，而被东欧的爱沙尼亚称为西海。

　　海面介于瑞典、俄罗斯、丹麦、德国、波兰、芬兰、爱沙尼亚、拉脱维亚、立陶宛9个国家之间，而向东延伸至芬兰和爱沙尼亚、俄罗斯之间的芬兰湾，向北伸入芬兰和瑞典之间的波的尼亚湾。

　　波罗的海的海岸绵长曲折，沿岸有多个中小型港口，岛上有零星的房屋。

波罗的海的日出　高祥生摄于 2017 年 6 月

波罗的海海岸（一）　高祥生摄于 2017 年 6 月

波罗的海海岸（二）　高祥生摄于 2017 年 6 月

波罗的海上的游船　高祥生摄于 2017 年 6 月

波罗的海上的游船仓内（一）　高祥生摄于 2017 年 6 月

波罗的海上的游船餐厅（一）　高祥生摄于 2017 年 6 月

波罗的海上的游船很豪华，装饰很讲究，甚至比我们国内五星级酒店的装饰更豪华、功能更齐全、环境更优雅，在游船上，人们自然有一种享受的感觉。

波罗的海上的游船仓内（二）　高祥生摄于 2017 年 6 月

波罗的海上的游船餐厅（二）　高祥生摄于 2017 年 6 月

赫尔辛基中央火车站　高祥生摄于 2017 年 6 月

二、赫尔辛基

1. 赫尔辛基中央火车站

赫尔辛基中央火车站是芬兰重要的铁路枢纽，该火车站由芬兰著名的建筑设计大师埃利尔·沙里宁（也称老沙里宁）设计，曾经被评为世界十大火车站之一。

二十多年来我一直参与中国铁路车站的室内外环境设计，对中国铁路车站的建设状况有一定了解。我认为与中国的多数火车站相比，赫尔辛基中央火车站在功能的合理性、室内的大小、设施的科学性等方面只能是小巫见大巫。

为了全面正确地了解赫尔辛基中央火车站，我去赫尔辛基中央火车站多次，里里外外都看过，拍了许多照片，并将这些照片与我拍的国内火车站的照片做比较，我觉得赫尔辛基中央火车站的规模、形式就是我国现在的一个普通火车站。

赫尔辛基中央火车站站台（一）　高祥生摄于 2017 年 6 月

赫尔辛基中央火车站站台（二）　高祥生摄于 2017 年 6 月

赫尔辛基中央火车站候车厅　高祥生摄于 2017 年 6 月

赫尔辛基中央火车站内商铺　高祥生摄于 2017 年 6 月

赫尔辛基中央火车站候车厅银行　高祥生摄于 2017 年 6 月

2. 赫尔辛基格洛艺术酒店

赫尔辛基格洛艺术酒店坐落在埃特莱恩苏佩里区，距赫尔辛基中央火车站不远。酒店的门头不大，也不起眼，但步入酒店的大厅后觉得很有远古狩猎时期的特色。我曾在写文章时，想找拜占庭风格的室内设计案例，找了很多地方，收获甚微，而眼前的艺术酒店就是我想寻找的案例：巨大的连续的梭形拱券，几何形的纹样……真是不虚此行。

赫尔辛基格洛艺术酒店大堂（一）　高祥生摄于 2017 年 6 月

赫尔辛基格洛艺术酒店大堂（二）　高祥生摄于 2017 年 6 月

赫尔辛基格洛艺术酒店休息厅　高祥生摄于 2017 年 6 月

3. 奇亚斯玛当代艺术博物馆

我喜欢奇亚斯玛当代艺术博物馆的建筑室内设计主要有三个原因：一是该馆通过对建筑形态的设计，让室内空间形成独特的视觉效果。例如大玻璃窗、大玻璃天窗的设计，在减少灯具等人工采光的同时增加了自然采光的面积，然后这些自然光投射到弧形的物体上，当自然光游行在空间中时，所有物体都产生了奇幻而柔和的效果。二是改变了分层设置楼梯的习惯做法，而是在两层或三层空间之间以旋转坡道联系，中间没有传统的踏步台阶，而是旋转的缓坡，就像一个超大的无障碍通道，人们一边在坡道上前行，一边观赏空间的变幻。另外，设计师还在室内的狭窄空间处设置了旋转楼梯，旋转楼梯的形态在光影的作用下不断变化，趣味无穷。三是该馆主要展示现当代艺术品，其展示作品与建筑的室内设计交相呼应、互为衬托。可以说建筑设计、装饰设计的形式与展品的内容、形式高度统一，正因为此，奇亚斯玛当代艺术博物馆很快就成为世界著名的艺术博物馆。

奇亚斯玛当代艺术博物馆（一）　高祥生摄于 2017 年 6 月

奇亚斯玛当代艺术博物馆（二）　高祥生摄于 2017 年 6 月

奇亚斯玛当代艺术博物馆（三）　高祥生摄于 2017 年 6 月

奇亚斯玛当代艺术博物馆（四）　高祥生摄于 2017 年 6 月

奇亚斯玛当代艺术博物馆（五）　高祥生摄于 2017 年 6 月

奇亚斯玛当代艺术博物馆（六） 高祥生摄于 2017 年 6 月

奇亚斯玛当代艺术博物馆（七） 高祥生摄于 2017 年 6 月

奇亚斯玛当代艺术博物馆（八） 高祥生摄于 2017 年 6 月

4. 芬兰地亚大厦

芬兰地亚大厦外立面　高祥生摄于 2017 年 6 月

　　芬兰地亚大厦是芬兰著名建筑大师阿尔瓦·阿尔托的作品。与大师的其他作品一样，芬兰地亚大厦不张扬，很平白，但不平庸，建筑的比例协调，转角处的缺角和外置楼梯增加了建筑的变化。

　　地亚大厦没有现代建筑中常用的横向线条，但我仍然感觉它是一幢现代建筑。

芬兰地亚大厦室内大厅（一）　高祥生摄于 2017 年 6 月

芬兰地亚大厦室外楼梯　高祥生摄于 2017 年 6 月 　　　芬兰地亚大厦室内大厅（二）　高祥生摄于 2017 年 6 月

　　芬兰地亚大厦的室内家具、灯具，甚至楼梯扶手都充满阿尔瓦·阿尔托的设计风格。

5. 西贝柳斯公园

西贝柳斯公园　高祥生摄于 2017 年 6 月

西贝柳斯公园坐落在赫尔辛基市的西北面，公园建于 1945 年，以此纪念芬兰的音乐之父让·西贝柳斯的 80 岁诞辰。

西贝柳斯公园的山丘上伫立着两尊由 600 根钢管组成的装置，在蓝天白云和绿荫的衬托下，钢管的形态似管风琴组合，又似波浪涌动，令人浮想联翩。

公园与芬兰湾仅相隔一条公路，芬兰湾的湖面开阔，波光粼粼，眺望远处重峦叠嶂，蓝天白云下风帆竞发。公园内有艺人们的管乐声随风飘扬，人们所聆听的音乐中有无与西贝柳斯有关的曲子我不清楚，只是眼前的景色很美妙。

邻近西贝柳斯公园的芬兰湾（一）　高祥生摄于 2017 年 6 月

邻近西贝柳斯公园的芬兰湾（二）　高祥生摄于 2017 年 6 月

6. 赫尔辛基大教堂

赫尔辛基大教堂　高祥生摄于 2017 年 6 月

　　虽然赫尔辛基大教堂不是我见过的最大的基督教教堂，但该教堂的圣洁形象给我留下了很深刻的印象。赫尔辛基大教堂是西方古典主义的建筑形式。

　　我绕着大教堂的四周转了一圈，观赏了教堂的建筑立面样式，建筑四个方向的立面很相似，总体结构严谨，气度不凡，堪称芬兰古典建筑艺术的精华。四个立面都是乳白色的，耸起

的三座穹顶是粉绿色的，圣洁、雅致。建筑的柱式、山花、穹顶、台阶之间的比例协调，很符合西方古典建筑的大教堂形式。在蓝天的衬托下，整个建筑肃穆、端庄。参观那天正好有教徒们的活动，我们未能进入教堂，只见到从教堂中列队前行的教徒，伴随着基督教特有的音乐缓缓而走，显得极为虔诚、神圣。

7. 恩索·古特蔡特公司总部

恩索·古特蔡特公司总部大楼　高祥生摄于 2017 年 6 月

芬兰赫尔辛基市区的恩索·古特蔡特公司总部大楼由阿尔瓦·阿尔托设计。

8. 赫尔辛基港南码头

赫尔辛基港南码头（一）　高祥生摄于 2017 年 6 月

赫尔辛基港南码头（二） 高祥生摄于 2017 年 6 月

9. 赫尔辛基乌斯别斯基东正大教堂

赫尔辛基乌斯别斯基东正大教堂（一） 高祥生摄于 2017 年 6 月

　　赫尔辛基乌斯别斯基东正大教堂是斯堪的纳维亚半岛上最大的希腊东正教教堂，教堂占据了半岛的主要位置，由于教堂坐落在三层台阶上的高坡，从半岛的下部只能仰望这座教堂，感到它很威武、神圣：暗红色的墙面，墙面上嵌有哥特式门框，窗框是一层层的，建筑下部大上部小，有点收分的效果。教堂的顶部有两尊塔座，塔座上伫立着拜占庭式样的"洋葱顶"。从建筑样式的角度归类，乌斯别斯基东正大教堂应是拜占庭风格，但在建筑立面上似乎还有哥特式的特征。

进入主殿，主殿的装饰比外立面要复杂，色彩显得富丽堂皇，地毯的花饰极为工细。阳光从大玻璃窗中射入室内空间，落在地毯、石材、灯具上……大厅沐浴在阳光中，一切充满着朝气。

赫尔辛基乌斯别斯基东正大教堂（二）　高祥生摄于 2017 年 6 月

赫尔辛基乌斯别斯基东正大教堂（三）　高祥生摄于 2017 年 6 月

10. 芬兰丽笙酒店

芬兰丽笙酒店餐厅　高祥生摄于 2017 年 6 月

芬兰丽笙酒店楼梯　高祥生摄于 2017 年 6 月

11. 赫尔辛基丽笙酒店

赫尔辛基丽笙酒店廊道　高祥生摄于 2017 年 6 月

12. 赫尔辛基斯托克曼百货

赫尔辛基斯托克曼百货　高祥生摄于 2017 年 6 月

13. 赫尔辛基 25 街区一商店

赫尔辛基 25 街区一商店　高祥生摄于 2017 年 6 月

赫尔辛基 25 街区一商店中庭位置的装置艺术（一）　高祥
生摄于 2017 年 6 月

赫尔辛基 25 街区一商店中庭位置的装置艺术（二）　高祥生摄于 2017 年 6 月

三、图尔库

1. 图尔库市立图书馆

图尔库市立图书馆（一） 高祥生摄于 2017 年 6 月

图尔库市立图书馆（二） 高祥生摄于 2017 年 6 月

图尔库市立图书馆位于城市的历史中心。图书馆的面积不大，但阅览室、书架室、休息空间甚至连观赏区域都一应俱全，我觉得该图书馆对于中小型图书馆设计而言是有参考价值的。

图尔库市立图书馆（三） 高祥生摄于 2017 年 6 月

图尔库市立图书馆（四） 高祥生摄于 2017 年 6 月

2. 图尔库市一办公楼

图尔库市一办公楼休息区　高祥生摄于 2017 年 6 月

图尔库市一办公楼办公区　高祥生摄于 2017 年 6 月

瑞典

斯德哥尔摩

斯德哥尔摩米勒斯雕塑公园（一）　高祥生摄于 2017 年 6 月

1. 斯德哥尔摩米勒斯雕塑公园

米勒斯雕塑公园位于斯德哥尔摩市郊的利丁厄岛上，是雕刻家卡尔·米勒斯的私人雕塑公园。在花木扶疏的花园里，布满了米勒斯的众多得意作品和米勒斯多年收集的雕塑作品，包括古希腊、古罗马、中世纪、文艺复兴时期的诸多作品。

米勒斯去世后，瑞典将这里辟为雕塑公园，公园面向大海，

园内雕塑高低错落有致，景色秀丽。雕刻作品散落于满园的喷泉和鲜花之间。

米勒斯以雕刻喷泉见长，先后在欧洲国家和美国创作了100 多组喷泉雕塑，这些喷泉配着栩栩如生的雕塑，别具一格。

斯德哥尔摩米勒斯雕塑公园（二）　高祥生摄于 2017 年 6 月

斯德哥尔摩米勒斯雕塑公园（三）　高祥生摄于 2017 年 6 月

2. 斯德哥尔摩城郊的傍晚

斯德哥尔摩城郊的傍晚（一）　高祥生摄于 2017 年 6 月

斯德哥尔摩城郊的傍晚（二）　高祥生摄于 2017 年 6 月

斯德哥尔摩城郊的傍晚（三）　高祥生摄于 2017 年 6 月

斯德哥尔摩城郊的傍晚（四）　高祥生摄于 2017 年 6 月

斯德哥尔摩城郊的傍晚（五）　高祥生摄于 2017 年 6 月

斯德哥尔摩城郊的傍晚（六）　高祥生摄于 2017 年 6 月

3. 斯德哥尔摩城郊的清晨

斯德哥尔摩城郊的清晨（一） 高祥生摄于 2017 年 6 月

斯德哥尔摩城郊的清晨（二） 高祥生摄于 2017 年 6 月

4. 克拉拉教堂

　　斯德哥尔摩克拉拉教堂无疑具有哥特式建筑的特征，这种哥特式教堂在欧洲国家的诸多小镇和城市中比比皆是，只是克拉拉教堂的体量较一般，因而显得清秀、靓丽。

克拉拉教堂　高祥生摄于 2017 年 6 月

5. 斯德哥尔摩老城区街道

斯德哥尔摩老城区街道（一）　高祥生摄于 2017 年 6 月

斯德哥尔摩老城区街道（二）　高祥生摄于 2017 年 6 月

斯德哥尔摩老城区的街道很有特色，它们质朴、明净，远处的教堂似乎在诉说着城市的历史。老城区的建筑大多是三四层，也有五层的，老城区的街道不宽，街道的路面都由小石块铺贴……建筑和设施的尺度都是宜人的、和谐的、亲切的。

早晨或傍晚街上少有行人时，漫步于老城区的街头巷尾，真有穿越到数百年前欧洲小镇的感觉。

斯德哥尔摩老城区街道（三）　高祥生摄于 2017 年 6 月

斯德哥尔摩老城区街道（四）　高祥生摄于 2017 年 6 月

6. 诺贝尔博物馆

诺贝尔博物馆（一）　高祥生摄于 2017 年 6 月

诺贝尔博物馆（二）　高祥生摄于 2017 年 6 月

诺贝尔博物馆（三）　高祥生摄于 2017 年 6 月

诺贝尔博物馆是专门宣扬有关诺贝尔奖、诺贝尔奖得主和阿尔弗雷德·诺贝尔生平资讯的场馆。馆址位于瑞典斯德哥尔摩老城一广场的一侧。

场馆面积不是很大，但馆内设有展览、电影院、剧院和科学辩论等场所，还有书籍和纪念品商店及咖啡店。自诺贝尔博物馆建成后，游客来到斯德哥尔摩这座城市总会到这座博物馆中游览参观，以了解诺贝尔奖的相关知识。

诺贝尔博物馆（四）　高祥生摄于 2017 年 6 月

7. 斯德哥尔摩公共图书馆

斯德哥尔摩公共图书馆又名阿斯普伦图书馆，建于 1928 年，由建筑师古纳·阿斯普伦设计。

图书馆阅览大厅呈圆柱形，室内墙面上布满各种书籍，红砖砌筑外立面和弧形的布满书籍的室内墙面都是斯德哥尔摩公共图书馆的特色。

斯德哥尔摩公共图书馆　高祥生摄于 2017 年 6 月

斯德哥尔摩地铁 T- Central 站　高祥生摄于 2017 年 6 月

8. 斯德哥尔摩地铁站

斯德哥尔摩地铁站被誉为世界上最长、最有特色的艺术长廊，它全长为 108 千米，人们可以在 100 多个地铁站内观赏到不同艺术风格的作品。

斯德哥尔摩地铁站看上去都像是地下的岩洞，岩洞的表面凹凸不平，且有千姿百态的图案。我欣赏过俄罗斯莫斯科地铁站的图案，也领略过中国上海小桃园地铁站的风采，它们都是

光彩照人、夺人眼球的艺术作品，而斯德哥尔摩地铁站给人的印象是粗犷、质朴，甚至可以说有原始的洞穴艺术气息。这里的月台和铁道都从自然岩石中凿开，地铁站的内部装修样式都很有特色，但共同的特点是洞壁都不像大多数城市的地铁站那样平整光滑，而似乎是刻意保留了地下岩洞的模样，进而向人们强调这就是这个城市的地下面貌。

斯德哥尔摩地铁 Fridhemsplan 站（一）　高祥生摄于 2017 年 6 月

斯德哥尔摩地铁 Fridhemsplan 站（二）　高祥生摄于 2017 年 6 月

9. 斯德哥尔摩的宜家

斯德哥尔摩的宜家（一） 高祥生摄于 2017 年 6 月

斯德哥尔摩的宜家（二） 高祥生摄于 2017 年 6 月

斯德哥尔摩的宜家（三） 高祥生摄于 2017 年 6 月

斯德哥尔摩的宜家（四）　高祥生摄于 2017 年 6 月

斯德哥尔摩的宜家（五）　高祥生摄于 2017 年 6 月

10. 斯德哥尔摩皇家维京丽笙酒店

斯德哥尔摩皇家维京丽笙酒店（一） 高祥生摄于 2017 年 6 月

斯德哥尔摩皇家维京丽笙酒店（二） 高祥生摄于 2017 年 6 月

爱沙尼亚

塔林

1. 爱沙尼亚塔林

我们到爱沙尼亚的塔林后下榻塔林市政厅对面的一家酒店，酒店不大，是既很现代又很古老的样式，所有的设施都还齐全，就像是塔林给我的感受一样。

一出酒店就是塔林市政厅广场，老式的电车缓缓经过广场，上部有给车供电的电线，纵横交叉，井然有序。广场很干净，清晨时，行人不多，电车很少，一些哥特风格的建筑清晰可见。

爱沙尼亚塔林　高祥生摄于 2017 年 6 月

塔林市政厅室内　高祥生摄于 2017 年 6 月

2. 塔林库穆美术馆

爱沙尼亚库穆美术馆给我留下的美好印象一点都不亚于世界上其他著名的美术馆。

库穆美术馆的建筑造型很新颖，但不奇怪，是我最喜欢、最能接受的。库穆美术馆的建筑造型与内部的展品契合得很紧，无论是平面的绘画，还是立体的雕塑，建筑的空间设计者就像高明的裁缝，给展品做了一件合适的衣服，同时这一件件衣服又成了精致的展品。建筑的两个入口都有引人入胜的效果，建筑的公共空间开阔明快，展览空间则是观看流线清晰，展品的布置紧凑而不拥挤、舒展而不松散。

塔林库穆美术馆（一） 高祥生摄于 2017 年 6 月

塔林库穆美术馆（二）　高祥生摄于 2017 年 6 月

塔林库穆美术馆入口台阶　高祥生摄于 2017 年 6 月

塔林库穆美术馆另一入口　高祥生摄于 2017 年 6 月

塔林库穆美术馆展厅（一） 高祥生摄于 2017 年 6 月

塔林库穆美术馆展厅（二） 高祥生摄于 2017 年 6 月

塔林库穆美术馆展厅（三） 高祥生摄于 2017 年 6 月

塔林库穆美术馆展厅（四） 高祥生摄于 2017 年 6 月

塔林库穆美术馆展厅（五） 高祥生摄于 2017 年 6 月

塔林库穆美术馆展厅（六） 高祥生摄于 2017 年 6 月

3. 塔林联合循道教堂

塔林古老的建筑繁多，但像联合循道教堂这种造型新颖的现代风格的教堂十分少见。

塔林联合循道教堂毗邻市政厅广场，教堂的尖顶、三角形的主体都是白色的，下部的建筑饰面是灰色的。阳光下，建筑的形体、色彩对比强烈，引人注目。

这是一座体量不大的建筑，但形态很别致，所以给我留下的印象也很深。

塔林联合循道教堂　高祥生摄于 2017 年 6 月

4. 塔林维鲁门

假如说大门或门柱是内部空间的先导或提示，那么塔林古城的维鲁门柱正是塔林这座古老城市面貌的提示和缩影。正是这两座具有沧桑感的门柱将人们带入遥远的 18 世纪。

塔林维鲁门（一）　高祥生摄于 2017 年 6 月

塔林维鲁门（二）　高祥生摄于 2017 年 6 月

塔林老城市政厅广场（一） 高祥生摄于 2017 年 6 月

5. 塔林老城市政厅广场

　　塔林老城市政厅的广场面积很大，这里有西欧样式的建筑，有塔林市民的集市，它是古老文化与现代文化的交汇处，是多种地域文化的连接地。

塔林老城市政厅广场（二） 高祥生摄于 2017 年 6 月

6. 塔林老城

塔林老城　高祥生摄于 2017 年 6 月

塔林，爱沙尼亚共和国首都和最大城市，是爱沙尼亚的经济、文化中心，也是爱沙尼亚工业中心和旅游胜地，还是波罗的海沿岸重要的商港。

塔林的起源可追溯到 13 世纪中叶，它是北欧唯一保持着中世纪外貌和格调的城市，世界文化遗产之城，被誉为"欧洲的十字路口"。塔林老城保留了原始的建筑风貌，随处可见的老城墙遗迹，高耸的防御塔，蜿蜒的长街，无论从哪一个角度欣赏，都是这座老城的精华所在。

7. 塔林老城街道

塔林老城街道（一）　高祥生摄于 2017 年 6 月

塔林老城街道（二）　高祥生摄于 2017 年 6 月

塔林老城街道（三）　高祥生摄于 2017 年 6 月

塔林是古老的，但又是现代的，这里记载了塔林曾经所受的创伤以及往日的荣光，汇聚了昨天和今天的文明。

塔林的街道不宽，楼房不高，这座城市带给人亲切、质朴、文静的感受。

塔林老城街道（四）　高祥生摄于 2017 年 6 月

塔林老城街道（五）　高祥生摄于 2017 年 6 月

塔林老城街道（六）　高祥生摄于 2017 年 6 月

莫斯科红场（一）　高祥生摄于 2012 年 8 月

俄罗斯

一、莫斯科

1. 莫斯科红场

几乎所有的中国人都知道莫斯科红场，但多数是从电影、电视剧中了解到的，电影、电视剧中的红场给人一种恢宏和神圣的感觉。2012 年，我有幸见识了红场的真实面貌。

2012 年时红场已不叫苏联莫斯科红场，已改叫俄罗斯莫斯科红场。但无论怎么叫，红场周边的建筑没有变，红场还是那个红场，但我感觉红场没有在电影中看到的大。

红场最引人注目的建筑应是华西里大教堂，教堂的风格我说不太清，有拜占庭的形态，但又缺拜占庭建筑应有的细部。我印象最深的是它的顶，绿色、白色异常鲜艳，顶的纹样呈螺旋形状，很有我们小时候吃的"宝塔糖"和现在的冰淇淋的造型。

在红场上我特别关注现在红墙的样子，红墙在红场的西侧，样子与电影、电视剧中看到的一样。在红墙中有列宁墓，在列宁墓与克里姆林宫红墙之间，有 12 块墓碑，包括斯大林、勃列日涅夫、安德罗波夫、契尔年科、捷尔任斯基等人的墓碑。红场南边是莫斯科瓦西里大教堂；北侧是国家历史博物馆，附近还有朱可夫元帅雕像、无名烈士墓；东面是古姆商场，与红墙齐平的是三幢俄罗斯传统风格的塔式建筑。

红场的西南方是克里姆林宫，它是一幢拜占庭建筑，去参观的人也很多。在克里姆林宫广场的北侧摆放着一些大炮，导游说当年因太大很难搬动就将它们一直放在这里，供人参观。

莫斯科红场的路似乎也很特别，它是用块状石头铺贴的，行人多了，石块被磨得发亮，地面因此有些倾斜，人在红场上行走的速度都快不起来。

红场的北面是一幢三层红砖楼，是古代俄罗斯建筑的样式，有尖尖的顶，立面有些复杂，通过这幢建筑的样式就不难解释许多俄罗斯建筑都有尖顶的出处。这幢建筑建于 19 世纪，作为历史博物馆使用，馆内收藏了 450 万件展品。这些展品都是介绍俄罗斯各个历史时期的文物。

红场东侧是莫斯科最大的商店建筑群。东北方向是喀山圣母大教堂等建筑。因为参观的时间短，大家都没有去，但对红场的印象还是深刻的。

（参考百度百科资料撰写成文）

莫斯科红场（二）　高祥生摄于 2012 年 8 月

2. 莫斯科华西里·柏拉仁诺教堂

莫斯科华西里·柏拉仁诺教堂（一）　高祥生摄于 2012 年 8 月

莫斯科华西里·柏拉仁诺教堂（二）　高祥生摄于 2012 年

　　这一教堂在莫斯科克里姆林宫的墙外，红场和莫斯科河之间，是俄罗斯中世纪后期建筑艺术的重要代表。

　　华西里·柏拉仁诺教堂是拜占庭式教堂建筑。它是由 9 个筒状形体组合而成，中央的一个最高，近 50 米，越来越尖的塔楼顶部突然又出现了一个小小的葱顶，上面的十字架在阳光的照射下光彩熠熠。在高塔的周围，簇拥着 8 个略小的墩体，它们大小高低不一，但都冠戴圆葱似的头顶，而这些"葱头"的花纹又各个不同，它们均被染上了鲜艳的颜色，以金、黄、绿三色为主，螺旋式花纹带来了很强烈的动感。该建筑是世界宗教建筑中的珍品。

3. 莫斯科国家历史博物馆

莫斯科国家历史博物馆　高祥生摄于 2012 年 8 月

莫斯科国家历史博物馆是俄罗斯著名的博物馆。1872 年由亚历山大二世下令建馆，1881 年建成国家历史博物馆，1883 年在亚历山大三世加冕仪式举行时开馆。

博物馆内的藏品多达 450 万件，主要介绍了俄罗斯从原始时期开始后各个时期的历史状况。

原始至古代的展馆是该博物馆的中心展馆，2005 年 2 月又新开设了"沙皇时期的俄罗斯"展馆，展示了很多关于彼得大帝的珍贵资料。莫斯科国家历史博物馆经常会举行不同时期各种主题的展览，但若是想看 20 世纪以后的历史就要到现代历史博物馆了。

（参考百度百科资料和现场调研撰写）

4. 莫斯科喀山圣母大教堂

位于红场东北角的喀山圣母大教堂是为了纪念 1612 年击退波兰军队入侵而建造的。有传说一个 9 岁的小女孩梦到圣母告诉她，圣像被埋在喀山废墟的下面，教堂的名字由此而来。

喀山圣母大教堂有三层，建筑的上部显然受拜占庭风格的影响，中部为一簇拜占庭风格的穹顶建筑，四周簇拥着波浪状的拱圈顶。教堂的下部为简易的古典风格的建筑。

莫斯科喀山圣母大教堂　高祥生摄于 2012 年 8 月

5. 列宾雕像

我最早爱好油画始于临摹列宾油画的局部，当时我能了解到的绘画知识主要来自列宾、谢洛夫、列维坦等著名画家的作品，虽然都是印刷品，但在那时列宾的印刷作品就是我能看到的最好的俄国绘画，我和我的画友们都特别敬重列宾。所以到了列宾雕像前我以崇敬的心情照相留念了。

在列宾雕像前留影　摄于 2012 年 8 月

俄罗斯伟大的画家列宾雕像矗立在广场中央　高祥生摄于 2012 年 8 月

彼得大帝骑马雕像　高祥生摄于 2012 年 8 月

6. 彼得大帝骑马雕像

在俄罗斯的历史上，彼得大帝是一个赫赫有名的人物。"十二月党人广场"上耸立着彼得大帝骑马塑像，广场是纪念 1825 年 12 月在这里发动反对沙皇独裁统治的斗争而命名的，而这塑像就是著名的"青铜骑士"。

彼得大帝骑马雕像建于 1766—1782 年，是女皇叶卡捷琳娜二世特聘法国名家法尔科内雕塑的。这是一尊艺术佳作，被安置在一块巨石上，骏马前腿腾空，彼得大帝坐在坐骑上，两眼炯炯有神，目视前方，充满信心，严厉而自豪。

但凡游历俄罗斯的人大多喜欢在这尊雕像前留影。

莫斯科红场亚历山大花园的四马奔腾喷泉　高祥生摄于 2012 年 8 月

莫斯科红场亚历山大花园　高祥生摄于 2012 年 8 月

莫斯科胜利广场（一）　高祥生摄于 2012 年 8 月

7. 莫斯科胜利广场

　　莫斯科胜利广场是为了纪念反法西斯战争胜利 50 周年而建。广场上的代表性雕塑为胜利女神纪念碑，碑高 141.8 米，象征着 1418 天的卫国战争。纪念碑的碑身似一把利剑，直指长空，碑身镌刻着二战中被战火波及的城市，碑体下部有勇士格奥尔基身骑骏马、手持长矛奋力刺杀青蛇的雕像和各种人物浮雕。胜利广场是俄罗斯人民对第二次世界大战期间卫国战争的纪念，寄托着他们向往和平美好生活的愿望。

　　胜利广场给人的感受是开阔、壮观、有序、美丽，胜利广场上的胜利女神纪念碑给人的感受是高耸、强劲、奋进。胜利广场的北面是一片喷泉，气势磅礴，广场的东面有倾斜的草地，草地设花钟，广场的周边耸立着苏联时期的装置。无论是广场还是纪念碑或者各种装置，都是俄罗斯人对二战胜利的自豪和歌颂。

（参考百度百科资料和现场调研撰写）

莫斯科胜利广场（二）　高祥生摄于 2012 年 8 月

莫斯科胜利广场上的喷泉　高祥生摄于 2012 年 8 月

莫斯科胜利广场上的胜利女神纪念碑　高祥生摄于 2012 年 8 月

莫斯科胜利广场上的装置（一）　高祥生摄于 2012 年 8 月

莫斯科胜利广场上的花钟（二）　高祥生摄于 2012 年 8 月

莫斯科胜利广场上的花钟（一）　高祥生摄于 2012 年 8 月

莫斯科胜利广场上的装置（二）　高祥生摄于 2012 年 8 月

8. 莫斯科地铁

我坐过或参观过一些国家的地铁，有不少都给我留下了美好而深刻的印象。例如：瑞典斯德哥尔摩地铁的质朴、粗放而不失细致，中国上海小桃园线地铁的现代、睿智、优雅等等。而俄罗斯莫斯科的地铁是我见过的最有历史文化、地方文化、现代文化的地铁之一。

莫斯科地铁（一）　高祥生摄于 2012 年 8 月

莫斯科地铁（二）　高祥生摄于 2012 年 8 月

莫斯科地铁（三）　高祥生摄于 2012 年 8 月

莫斯科地铁（四）　高祥生摄于 2012 年 8 月

9. 莫斯科特列季亚科夫画廊部分名画

《三架马车》　瓦西里·佩洛夫

《休息中的猎人》　瓦西里·佩洛夫

《无名女郎》　伊万·尼古拉耶维奇·克拉姆斯柯依

《松树林》　伊凡·伊凡诺维奇·希施金

《在玛尔特菲娜女伯爵的森林里》
伊凡·伊凡诺维奇·希施金

《金秋》　伊萨克·伊里奇·列维坦

《伊凡雷帝杀子》　伊里亚·叶菲莫维奇·列宾

《三勇士》　维克多·米哈伊洛维奇·瓦斯涅佐夫

《近卫军临刑的早晨》　瓦西里·伊凡诺维奇·苏里科夫

《库尔斯克省的宗教行列》　伊里亚·叶菲莫维奇·列宾

《查布罗什哥萨克给土耳其苏丹写信》　伊里亚·叶菲莫维奇·列宾

《意外归来》　伊里亚·叶菲莫维奇·列宾

《女贵族莫洛卓娃》　瓦西里·伊凡诺维奇·苏里科夫

《夏》　瓦伦丁·亚历山德罗维奇·谢洛夫

《奥卡河上》　阿布拉姆·叶菲莫维奇·阿尔希波夫

《牛》　瓦伦丁·亚历山德罗维奇·谢洛夫

《列夫·托尔斯泰肖像》 伊里亚·叶菲莫维奇·列宾

《作家皮谢姆斯基的肖像》 伊里亚·叶菲莫维奇·列宾

《白嘴鸦归来》 亚历山大·孔德拉季耶维奇·萨弗拉索夫

《穆索尔斯基像》 伊里亚·叶菲莫维奇·列宾

《秋日芬芳: 女儿的画像》 伊里亚·叶菲莫维奇·列宾

《在克里米亚山上》 费奥多尔·亚历山德罗维奇·瓦西里耶夫

《在阳光下》 伊里亚·叶菲莫维奇·列宾

《月夜》 伊万·尼古拉耶维奇·克拉姆斯柯依

《少女与桃子》 瓦伦丁·亚历山德罗维奇·谢洛夫

《阳光下的少女》 瓦伦丁·亚历山德罗维奇·谢洛夫

《林下》 伊凡·伊凡诺维奇·希施金

《阿廖努什卡》 维克多·米哈伊洛维奇·瓦斯涅佐夫

《休息》 伊里亚·叶菲莫维奇·列宾

《蜻蜓》 伊里亚·叶菲莫维奇·列宾

《自画像》 伊里亚·叶菲莫维奇·列宾

特列季亚科夫画廊作品集选　高祥生摄于 2012 年 8 月

特列季亚科夫画廊是俄罗斯莫斯科著名的画廊，坐落在莫斯科河畔，画廊中收藏了俄罗斯近现代著名画家的主要代表作品13万件，这些作品大多是特列季亚科夫个人收藏品。我很熟悉这些作品，但又似乎有些陌生。

因为我已看过这些作品的大部分印刷品，也因为过去看的都是印刷品，所以有一种既陌生但又亲切的感觉。我怀着迫切的心情与朋友们去特列季亚科夫画廊，能看到我从学画开始就仰慕的大师们的原作让我很兴奋。在画廊中我是如饥似渴地看，手忙脚乱地拍照，当时我明知拍下的照片回国后印出来一定不如我曾看到的印刷品那样接近原作，但我还是几乎一张不落地拍了，主要还是想满足证明自己曾看过这些原作的心理需求，我拍了列宾的《意外归来》《列夫·托尔斯泰肖像》《伊凡雷帝杀子》等，谢洛夫的《少女与桃子》《阳光下的少女》，苏里科夫的《女贵族莫洛卓娃》《近卫军临刑的早晨》，希施金的《松树林》系列作品，列维坦的《金秋》《三月》，等等。

画廊中，19世纪末至20世纪初俄罗斯巡回派画家的油画作占据很大的比例。巡回派画家的作品提升了特列季亚科夫画廊的声誉，而没有特列季亚科夫画廊也就没有巡回派画家的辉煌。我国的绘画在20世纪五六十年代深受巡回派画家的影响，巡回派画家的作品也在中国展出过。中国的一批优秀的油画家都曾到苏联接受契斯恰科夫的绘画教学理念，而巡回派画家中的列宾、谢洛夫、列维坦、苏里科夫、希施金等都是当时中国年轻画家崇拜的偶像。可以讲，巡回派画家的作品在相当长的一段时间内对中国画家的影响程度超过了法国、意大利等西欧国家的画家。

参观特列季亚科夫画廊使我收获满满，心满意足。

10. 新圣女公墓

新圣女公墓始建于16世纪，它位于莫斯科城的西南部。19世纪，新圣女公墓成为俄罗斯著名知识分子和各界名流的最后归宿。该公墓占地7.5公顷，埋葬着约2.6万位俄罗斯各个历史时期的名人，是欧洲三大公墓之一。

公墓里有作家果戈理、契诃夫、马雅可夫斯基、法捷耶夫，作曲家肖斯塔科维奇，戏剧理论家斯坦尼斯拉夫斯基，舞蹈家乌兰诺娃，播音员尤利·鲍里索维奇·列维坦，飞机设计师图波列夫、瓦维洛夫、米高扬，政治家波德戈尔内、叶利钦等人的墓碑。他们都在此长眠，新圣女公墓的每座墓碑都通过独特的形式，向世人讲述着他们不同的生命故事。新圣女公墓不仅是告别生命的地方，也是解读生命、净化灵魂的圣地。

我们见到的葬进公墓的中国人仅王明一人。

鲍里斯·尼古拉耶维奇·叶利钦墓碑　高祥生摄于2012年8月

弗拉基米尔·弗拉基米罗维奇·马雅可夫斯基墓碑　高祥生摄于2012年8月

叶卡捷琳娜·阿列克谢耶夫娜·福尔采娃墓碑　高祥生摄于2012年8月

亚历山大·伊万诺维奇·列别德墓碑　高祥生摄于2012年8月

尼古拉·阿列克谢耶维奇·奥斯特洛夫斯基墓碑　高祥生摄于2012年8月

芭蕾女王加林娜·乌兰诺娃墓碑　高祥生摄于2012年8月

女英雄卓娅·阿纳托利耶芙娜·科斯莫杰米扬斯卡娅墓碑　高祥生摄于2012年8月

尼基塔·谢尔盖耶维奇·赫鲁晓
夫墓碑　高祥生摄于 2012 年 8 月

穿甲弹设计师拉夫里洛维奇墓碑
高祥生摄于 2012 年 8 月

画家安娜·亚历山德拉夫娜墓碑
高祥生摄于 2012 年 8 月

安德烈·安德烈耶维奇·葛罗米柯
墓碑　高祥生摄于 2012 年 8 月

俄罗斯歌唱家夏里亚宾墓碑　高
祥生摄于 2012 年 8 月

为国牺牲的一对年轻夫妇墓碑
高祥生摄于 2012 年 8 月

俄罗斯影视演员喀山斯卡娅墓碑
高祥生摄于 2012 年 8 月

薇拉·玛列茨卡娅墓碑　高祥生摄
于 2012 年 8 月

安德烈·尼古拉耶维奇·图波列夫墓碑　高祥生
摄于 2012 年 8 月

俄罗斯著名的马戏之王杜罗夫墓碑　高祥生摄
于 2012 年 8 月

二、圣彼得堡

在俄罗斯，圣彼得堡的知名度和历史文化地位都不亚于莫斯科，这里曾是俄罗斯的政治文化中心，城市以彼得大帝得名。

俄罗斯的四大宫殿是夏宫、冬宫、克里姆林宫、叶卡捷琳娜宫，其中有三个都在圣彼得堡。著名的现代俄罗斯文学的创始人、伟大的诗人普希金就出生在圣彼得堡，而政治家普京、彼得、叶卡捷琳娜等要么出生在圣彼得堡，要么就与圣彼得堡息息相关。

圣彼得堡有许多著名的建筑，除了冬宫、夏宫、叶宫外，还有彼得保罗大教堂等。圣彼得堡景色优美，这里有与俄罗斯文化紧密联系的涅瓦河，有风景优美的芬兰湾的树林，有波澜壮阔的波罗的海。

圣彼得堡历史悠久，这里有许多惊心动魄的故事，有优美动人的传说，有华美、端庄的凯萨琳宫和公园。

更需要提示的是圣彼得堡还能瞻仰马克思主义创始人马克思、恩格斯的雕像，能观赏到俄国十月革命时期列宁的办公地斯莫尔尼宫。

1. 圣彼得堡冬宫

冬宫坐落在圣彼得堡宫殿广场上，原为俄罗斯帝国沙皇的皇宫，十月革命后辟为圣彼得堡国立艾尔米塔什博物馆的一部分。冬宫面向涅瓦河，中央稍为突出，有3道拱形铁门，入口处有阿特拉斯巨神群像。宫殿四周有两排柱廊，气势雄伟。

冬宫与法国的卢浮宫、美国的大都会艺术博物馆和英国的大英博物馆合称为世界四大博物馆。

圣彼得堡冬宫　高祥生摄于 2012 年 8 月

圣彼得堡冬宫室内（一） 高祥生摄于 2012 年 8 月

圣彼得堡冬宫室内（二） 高祥生摄于 2012 年 8 月

圣彼得堡冬宫室内（三） 高祥生摄于 2012 年 8 月

2. 圣彼得堡夏宫

彼得大帝夏宫，又称"俄罗斯夏宫""彼德宫"，位于芬兰湾南岸，距圣彼得堡市约40千米，占地面积四百多公顷。

第二次世界大战中，它遭到德国军队的破坏，后修复，被联合国教科文组织列入《世界遗产名录》。

夏宫分为上花园和下花园，有大宫殿在上花园。内外装饰极其华丽，两翼均有镀金穹顶，宫内有庆典厅堂。大宫殿前有被称作大瀑布的喷泉群和雕塑群。有37座金色人物雕像、29座潜浮雕、150个小雕像、64个喷泉及2座梯形瀑布。

（参考百度百科资料和现场调研编撰）

圣彼得堡夏宫（一）　高祥生摄于2012年8月

圣彼得堡夏宫（二）　高祥生摄于2012年8月

圣彼得堡夏宫（三）　高祥生摄于2012年8月

圣彼得堡夏宫（四）　高祥生摄于 2012 年 8 月

圣彼得堡夏宫（五）　高祥生摄于 2012 年 8 月

圣彼得堡夏宫喷泉花园　高祥生摄于 2012 年 8 月

圣彼得堡夏宫中的海神尼普顿喷泉　高祥生摄于 2012 年 8 月

圣彼得堡夏宫中的花园　高祥生摄于 2012 年 8 月

圣彼得堡夏宫中的彼得大帝塑像　高祥生摄于 2012 年 8 月

圣彼得堡芬兰湾　高祥生摄于 2012 年 8 月

年轻时经常听到一句话：阿芙乐尔号巡洋舰上的一声炮响，给中国带来了马克思主义。所以到了俄罗斯后，我总希望能看看这条巡洋舰。

圣彼得堡芬兰湾上的阿芙乐尔号巡洋舰　高祥生摄于 2012 年 8 月

紧邻斯莫尔尼宫的草坪上伫立着马克思和恩格斯的头像雕像，许多友人都去两位马克思主义创始人的雕像前拍照留念。

圣彼得堡的马克思头像雕像　高祥生摄于 2012 年 8 月

圣彼得堡的恩格斯头像雕像　高祥生摄于 2012 年 8 月

3. 圣彼得堡普希金青铜塑像

圣彼得堡普希金青铜塑像　高祥生摄于 2012 年 8 月

不少中国人都知道俄罗斯的著名诗人亚历山大·谢尔盖耶维奇·普希金。

亚历山大·谢尔盖耶维奇·普希金是俄国著名诗人、作家及现代俄国文学的创始人，19 世纪俄国浪漫主义文学的主要代表，同时也是现实主义文学的奠基人，现代标准俄语的创始人，被称为"俄国文学之父""俄国诗歌的太阳"。

普希金的作品除了诗歌以外，还有长篇小说《上尉的女儿》，中篇小说《杜布罗夫斯基》，小说集《别尔金小说集》等。他的代表作《叶甫盖尼·奥涅金》被誉为"生活的百科全书"。我在中学时期借到一本普希金诗集，后来还能背诵他的几首诗。

这座塑像高达 4 米，诗人站在高高的花岗石基座上，神情严肃，昂首眺望远方。这座塑像是 1957 年为纪念诗人逝世 120 周年而建。

俄罗斯全境共有 19 个普希金塑像，普希金是俄罗斯民族的骄傲！

4. 圣彼得堡伊萨基辅大教堂

伊萨基辅大教堂，又称圣伊撒基耶夫大教堂，坐落在俄罗斯圣彼得堡市区。

大教堂高约102米，圆顶直径为22.15米，有橡木制成的3扇巨门。教堂的建筑形态反映了19世纪俄国建筑晚期古典主义的特征，同时也兼具文艺复兴后的巴洛克艺术的元素，这一点特别表现在建筑外部则为采用了大量巴洛克风格雕塑装饰。

圣彼得堡伊萨基辅大教堂（一）　高祥生摄于 2012 年 8 月

圣彼得堡伊萨基辅大教堂（二）　高祥生摄于 2012 年 8 月

5. 彼得保罗大教堂

这座教堂原是木结构，1712 年改建成石砌建筑，1733 年完工，由瑞士建筑师多梅尼科·特列津尼主持设计建造。这是一座巴洛克式风格的教堂。外表线条简洁，形象庄严肃穆。一座高大尖顶的钟楼威武地屹立着——从远处就可以看见它那金光闪闪、垂直的金属尖，陡然冲破要塞矮墙。彼得保罗大教堂的尖顶高123 米，是全城最高的建筑。顶尖高 40 米，为金属结构，表面用薄金粘贴而成。上端是一个做成天使十字架形状的风向标，天使高 3.2 米。1720 年教堂的钟楼上曾装有音乐报时钟，1756 年毁于水灾。1776 年又新装自鸣钟。钟的机械部分由荷兰工匠克拉斯造，有 11 个钟铃——最小的重 16 千克，最大的重 5 吨，于 1761 年就已运抵圣彼得堡。1952 年自鸣钟又被改造，每昼夜可自鸣四次，及时向人们报时，并成为要塞的一大景观。

彼得保罗大教堂　高祥生摄于 2012 年 8 月

德国

一、德国建筑的印象

　　我先后去过德国的柏林、德绍、慕尼黑、斯图加特等地，现在回想起当时所见建筑各自的特征，有的能说清楚，有的已淡忘，但德国建筑的基本特征我还是清晰的。

　　德国传统建筑是德国历史文化的重要组成部分，其中主要有古典主义建筑、巴洛克建筑、哥特建筑和德国固有的地方建筑的元素。德国建筑最早受工业革命的影响，产生了以包豪斯为先行的现代主义建筑，随后又出现了犹太博物馆、德累斯顿 UFA 电影中心等前卫的解构主义建筑。

　　德国具有悠久的、优秀的历史文化和现代文化，德国在哲学、文学、音乐、绘画等领域对世界都做出过巨大贡献，德国人以此为骄傲，因此德国的城市建筑中有各种纪念馆、博物馆，这些纪念馆、博物馆大多是传统风格的表现形式。德国的诸多城市也在二战中遭到破坏，德国人尊重自己的历史，尊重自己的文化，也尊重别国的文化，二战后陆续修建、重建了被战争毁坏的建筑，值得提及的是这些建筑的修建、重建大多还是依据原建筑设计图，做到了"修旧如旧"，现在我们看到的许多重新建造的美术馆、博物馆的外表还是斑斑驳驳的，这些建筑似乎还都在诉说着往日的沧桑故事。

　　德国在历史上战争延绵，战乱出哲人，伟大的思想家马克思、恩格斯诞生在这里，著名的哲学家尼采、叔本华、黑格尔、康德等也是德国人，德国有深厚的文化积淀，文化孕育艺术，享誉世界的德国画家就有丢勒、荷尔拜因等，让世人惊叹的音乐家有巴赫等。正因如此，德国的纪念性建筑多，德国的博物馆多，德国的大学建筑多，德国的名人雕塑多……

　　德国人善思辨，重实践，勇创新，全球顶级的车辆品牌宝马、奔驰、保时捷的生产基地就坐落在德国的慕尼黑和斯图加特。

　　如今的德国人又正在以认真反思的态度对待历史，以严谨、勤奋的精神建设着一个新的德国。

二、柏林

1. 柏林希尔顿酒店

柏林希尔顿酒店大堂（一） 高祥生摄于 2017 年 8 月

柏林希尔顿酒店大堂（二）　高祥生摄于 2017 年 8 月

柏林希尔顿酒店中装置（一）　高祥生摄于 2017 年 8 月

柏林希尔顿酒店中装置（二）　高祥生摄于 2017 年 8 月

2. 德国历史博物馆

德国历史博物馆（一）　高祥生摄于 2017 年 8 月

一座是老馆，老馆由两部分建筑组成，是柏林第一座巴洛克式大型建筑，也是菩提树下大街上最老的建筑。另一座是新馆，由世界著名建筑大师贝聿铭先生设计。

老馆的主题为"两千年德国历史的图像和见证"。新馆有三个楼层。

德国历史博物馆总共收藏了 85 万件藏品，但长期展示的仅百分之一不到。

德国历史博物馆（二）　高祥生摄于 2017 年 8 月

3. 德国历史博物馆新馆

德国历史博物馆新馆（一） 高祥生摄于 2017 年 8 月

德国历史博物馆新馆（二） 高祥生摄于 2017 年 8 月

德国历史博物馆新馆（三） 高祥生摄于 2017 年 8 月

德国历史博物馆新馆（四） 高祥生摄于 2017 年 8 月

德国历史博物馆新馆（五） 高祥生摄于 2017 年 8 月

4. 柏林犹太博物馆

柏林犹太博物馆（一）　高祥生摄于 2017 年 8 月

柏林犹太博物馆（二）　高祥生摄于 2017 年 8 月

柏林犹太博物馆（三） 高祥生摄于 2017 年 8 月

柏林犹太博物馆（四） 高祥生摄于 2017 年 8 月

柏林犹太博物馆（五）　高祥生摄于 2017 年 8 月

柏林犹太博物馆（六）　高祥生摄于 2017 年 8 月

柏林犹太博物馆（七）　高祥生摄于 2017 年 8 月

　　在我没有参观过德国柏林犹太博物馆前，我对解构主义建筑有一种偏见——似乎这类建筑都存在着仅彰显形式、形体，而少有功能作用的弊端。而当我认真参观、体验丹尼尔·里伯斯金设计的德国柏林犹太博物馆后，我对解构主义建筑的认知开始发生变化，实际上解构主义建筑也可以做到形式与内容的统一，而其中的内容表达似乎只有解构主义的形式最合适。

　　柏林犹太博物馆所在的位置并不显眼，在建筑的夹缝中、在密阴的掩盖下，这建筑却是顽强坚忍地屹立着，建筑边部也有窗户，只是有大片的铅灰色金属皮的包裹，实体占据了大部分墙面。墙面上有交叉的长短不一的条窗，功能上用于室内采光，而视觉上却像一道道撕裂的伤口，让人心寒。

柏林犹太博物馆（八） 高祥生摄于 2017 年 8 月

博物馆的入口是一种先扬后抑、先明后暗的空间序列，进入一个岔道口，顶棚上有两束灯光，游走在黑暗之中，路面是黑色的，墙面的光是小撮的。毋庸置疑，这种镜头语言的效果是：黑暗和恐怖。博物馆的通道都是狭窄的，有些还要逐一登爬，这种登爬除了体力上的付出外，更是心理上的压抑、艰难。博物馆有不少三角形的平面，而三角形的平面必然产生诸多尖角和锐角，如果配以昏暗的灯光，空间则会给人阴森而冷酷的感觉，这就是该博物馆空间设计的精彩之处。我被建筑设计的构思深深地折服。室外的创伤形条形窗既对室内的自然采光起到了积极作用，更使人感受到战争使人类产生的难以愈合的创伤。

博物馆陈列了许多遇难者照片和抽象的石刻，伫立在这些照片和石刻前，我们都默默地为另一个世界的他们祷告，愿他们安息。

在博物馆的出口处，人们可以看到今日的德国制造的现代产品，博物馆在此处的光线明亮了，人们的心情舒朗了，这时我在想世界上倘若没有战争或少有战争，人类总是幸福的，生活总是美好的。

离开柏林犹太博物馆，我常常想到解构主义建筑表现纪念性建筑可以使其形式和功能达到高度统一，柏林犹太博物馆是这种效果，侵华日军南京大屠杀遇难同胞纪念馆也是这种效果。

5. 柏林音乐厅

柏林音乐厅（皇家剧院）　高祥生摄于 2017 年 8 月

位于柏林著名的宪兵广场旁边的柏林音乐厅原名皇家剧院，于 1818—1821 年建成，在二战中全部被毁。重建修复的柏林音乐厅是按原设计师的思想建造的。这座音乐厅是德国古典建筑和世界同类建筑中最为炫目的杰作之一。内部每一个细节如华丽的席纹地板、绘有彩画的镶板、有照亮雕像的白墙、金色装饰的眺台栏板、不锈钢的管风琴和水晶枝形大吊灯等，都展示出不同寻常的美感。

柏林音乐厅外有一尊为纪念席勒 1804 年去世前不久对柏林的著名访问而建立的塑像。

6. 柏林法兰西大教堂

柏林法兰西大教堂　高祥生摄于 2017 年 8 月

法兰西大教堂建于 1701—1705 年，后又从法国逃迁到柏林。1786 年在柏林御林广场的改扩建工程中，教堂被加上了一个醒目的塔顶。二战中大教堂严重损毁，于 1977 年修复重建。

（根据百度百科资料结合现场调研撰写）

7. 柏林御林广场

柏林御林广场　高祥生摄于 2017 年 8 月

御林广场也称"宪兵广场"，是欧洲最壮观的广场之一，也是游客在柏林的必游之地。广场由德国大教堂、法兰西大教堂和音乐厅所环绕，美丽、和谐，令人流连忘返。

广场已有 300 多年的历史。最初它被叫作菩提树广场，后来称为弗里德里希城广场或新广场。1736—1782 年，广场被骑兵用作哨岗和马厩之地，从而得名御林广场。1777 年后，广场进行了整体统一的设计和扩建。

第二次世界大战期间，广场毁坏严重。为纪念位于广场旁边的柏林 - 勃兰登堡科学院成立 250 周年，广场曾于 1950 年改名为"学院广场"，1991 年，又恢复了"御林广场"的原名。

御林广场周边环境维持着 19 世纪的风貌，被很多柏林人认为是德国乃至欧洲最美丽的广场。

（根据百度百科资料结合现场调研编撰）

8. 柏林墙

柏林墙（一）　高祥生摄于 2017 年 8 月

纳粹德国及其首都柏林在二战后被美苏英法四国分区占领，1949 年美英法占领区成立德意志联邦共和国，而苏联占领区则成立了德意志民主共和国。柏林也被四国分别占领而分裂，美英法三国管制下的西部称为西柏林，与苏联控制下的东柏林相对峙。战后的西柏林得到西方国家尤其是美国的援助，经济发展非常迅速，因而吸引了大量的民主德国居民通过西柏林逃往联邦德国。民主德国遭受了巨大损失之后，在 1961 年采取了建筑隔离墙的办法阻止民主德国公民进入联邦德国，而这道防护墙就是历史上有名的"柏林墙"。

柏林墙墙高 3.5 米，由水泥板建造，墙上部为水泥管，它曾是欧洲修筑得最为坚固的长城，却又是最快被拆除的长城。

1989 年 11 月 9 日，民主德国政府宣布允许公民申请访问联邦德国以及西柏林，柏林墙被迫开放。1990 年 6 月，民主德国政府正式决定拆除柏林墙。

现存的柏林墙分为几小段，都作为历史遗迹被保留下来，最长的一段也不过只有 1 千米长，它见证了德国的分裂与统一。

（摘于百度百科）

柏林墙（二）　高祥生摄于 2017 年 8 月

9. 柏林腓特烈大帝雕像

柏林腓特烈大帝雕像（一） 高祥生摄于 2017 年 8 月

柏林腓特烈大帝雕像（二） 高祥生摄于 2017 年 8 月

腓特烈大帝，亦称弗里德里希二世，普鲁士国王。腓特烈大帝在政治、经济、哲学、法律甚至音乐诸多方面都颇有建树。

10. 柏林旧博物馆

柏林旧博物馆（一） 高祥生摄于 2017 年 8 月

柏林旧博物馆陈列着古希腊和古罗马文物，是柏林博物馆岛建筑群的重要组成部分，1999 年被列入《世界遗产名录》。

建筑外观严格遵守古希腊风格，中央的圆形大厅则模仿罗马万神殿的室内样式。

柏林旧博物馆（二） 高祥生摄于 2017 年 8 月

柏林旧博物馆展厅（一）　高祥生摄于 2017 年 8 月

柏林旧博物馆展厅（二）　高祥生摄于 2017 年 8 月

柏林旧博物馆展厅（三）　高祥生摄于 2017 年 8 月

柏林旧博物馆展厅（四）　高祥生摄于 2017 年 8 月

11. 柏林大教堂

柏林大教堂　高祥生摄于 2017 年 8 月

柏林大教堂位于柏林市博物馆岛东端，是威廉二世皇帝时期建造的古典风格的新教教堂。我去过该教堂东北端的柏林市博物馆，未曾有时间进入教堂内参观。有资料显示，新教教堂也是霍亨索伦王朝的纪念碑，很多王室成员都长眠于此。

柏林大教堂是一座古典主义风格的大教堂，隆起的三个大圆顶诠释了古典主义样式的特点。

柏林大教堂室内金碧辉煌，装饰极其华丽。室内有复杂的柱子和精美的壁画，甚至柱头都是镀金的。我未曾一睹真容，实为遗憾。

12. 柏林老国家艺术画廊

柏林老国家艺术画廊（一） 高祥生摄于 2017 年 8 月

柏林老国家艺术画廊中的绘画作品集选（一） 高祥生摄于 2017 年 8 月

柏林老国家艺术画廊是柏林的一座美术馆，主要陈列着19 世纪到第一次世界大战期间的艺术品，是德国博物馆的重要组成部分，1999 年作为博物馆岛的一部分被列入《世界文化遗产》。

柏林老国家艺术画廊在二战期间遭受严重破坏，经过维修之后，外观基本维持原状。老国家艺术画廊的外观设计融合了希腊、德国古典神庙，教堂以及世俗纪念性建筑的不同元素。从正面看画廊上半部分，如同希腊神庙，外形庄严。

在内部平面设计上，有折中主义理念，画廊中陈列着囊括了整个 19 世纪主要风格的绘画和雕塑作品。例如：卡斯帕·大卫·弗里德里希的《海边修士》，阿诺德·勃克林的《死岛》，阿道夫·门采尔的《腓特烈大帝在无忧宫演奏长笛》，以及爱德华·马奈的《在温室里》等。

柏林老国家艺术画廊（三） 高祥生摄于 2017 年 8 月

柏林老国家艺术画廊（二） 高祥生摄于 2017 年 8 月　　柏林老国家艺术画廊中的绘画作品集选（二） 高祥生摄于 2017 年 8 月

13. 柏林洪堡大学图书馆

柏林洪堡大学图书馆（一） 高祥生摄于 2017 年 8 月

大学的公共教室或图书阅览室常设有阶梯教室或阅览室，在我见到的这类阶梯教室和阅览室中，柏林洪堡大学的图书阅览室给人的印象很深刻。

首先这里的阅览室很高，因为分了 5 层，所以纵向进深大，层层叠叠，可以容纳大量阅览者，并且互相没有视线干扰。洪堡大学图书馆是德国最大的开放型图书馆之一。

柏林洪堡大学图书馆（二） 高祥生摄于 2017 年 8 月

柏林洪堡大学图书馆（三） 高祥生摄于 2017 年 8 月

14. 德国国会大厦

德国国会大厦　高祥生摄于 2017 年 8 月

柏林的德国国会大厦建于 1884 年，由德国建筑师保罗·瓦洛特设计，采用古典主义风格，最初为德意志帝国的议会。1918 年 11 月 9 日，议员菲利普·沙伊德曼通过国会大厦的窗口宣告共和国的成立。1933 年 2 月 27 日大厦失火，部分建筑被毁。二战中，大厦遭到严重毁坏。1961—1971 年，大厦按保罗·鲍姆加藤的设计方案重建。第一届全德联邦议会确定柏林为统一德国的首都，国会大厦则被定为德国联邦议院所在地。

柏林波茨坦广场　高祥生摄于 2017 年 8 月

15. 柏林波茨坦广场

我对德国柏林的波茨坦广场早有耳闻，因为 1945 年 7 月 26 日，中、英、美三国发表《波茨坦公告》。

现在的波茨坦广场是柏林的新城中心，广场的中心是一座规则多边形的网状的大型构筑物，网状的构筑物覆盖了一二百平方米的空间，造型新颖、时尚。阳光下光影变幻无穷，在波茨坦广场上游览的人群大都会在这座富有特色的构筑物前留影。

波茨坦广场的周边有商店、电影拍摄场、咖啡店、酒店、音乐剧院等建筑，离波茨坦广场稍远一些的地方都是高大宏伟的建筑，形态各异，令人目不暇接。

二战中，波茨坦广场遭受严重毁坏，又由于它地处美、英、法、苏管辖的交界处，另有柏林墙穿越，使这片原来繁华的区域沦为人烟稀少的隔离区，直到 20 世纪 90 年代这里逐渐成为柏林最靓丽的风景点。

16. 柏林中央火车站

柏林中央火车站（一） 高祥生摄于 2017 年 8 月

柏林的中央火车站是欧洲最大的火车站之一。它的用材很现代，虽然体量很大，但形体感觉很轻盈，很通透。车站的平面布局也很合理，方便旅客的出行。

柏林中央火车站前身为莱尔特车站，莱尔特车站在二战中被毁，柏林中央火车站建在原址处，除东西方向的特快列车轨道外，还新铺设了南北方向的铁路，四通八达。

火车站为钢架玻璃结构，车站共分 5 层。建筑主体为高 46 米的双塔，占地 1.5 万平方米，地面轨道长 320 米，地下月台长 450 米，拥有 80 多家商店。其中东西线铁轨位于车站上方，高出路面 12 米，而南北线路则位于地下 15 米。

柏林中央火车站（二） 高祥生摄于 2017 年 8 月

柏林中央火车站（三） 高祥生摄于 2017 年 8 月

柏林中央火车站室内（一）　高祥生摄于 2017 年 8 月

柏林中央火车站室内（二）　高祥生摄于 2017 年 8 月

　　车站东西方向贯穿着钢架玻璃结构的透明屋顶盖，这个椭圆形的玻璃大厅为格状结构，由 9117 块玻璃面板拼成，开放式的天棚可以使自然光充分照亮车站大厅。车站的玻璃天顶上安装了 1700 平方米的太阳能电池。两座平行结构的大楼将南北方向的顶盖腾空架起，南北方向的铁路则从地下通过。这种网状透明的大厅结构是现代火车站建筑的一个宏伟实例。车站内共设置了 54 座自动扶梯和 34 架电梯。

（参考百度百科撰写）

三、德绍

1. 德绍的住宅楼

德绍沿街的住宅楼　高祥生摄于 2017 年 8 月

德绍住宅楼的立面　高祥生摄于 2017 年 8 月

2. 德绍包豪斯学校

德绍包豪斯学校（一） 高祥生摄于 2017 年 8 月

包豪斯作为建筑设计、艺术设计、工业设计、装饰设计的一种思想或者说一种潮流，曾在 19 世纪至 20 世纪风靡世界。而包豪斯的发祥地就在德国德绍的包豪斯学校，这所学校是由现代主义建筑学派的倡导人之一瓦尔特·格罗皮乌斯创办。学校中有艺术教育、艺术工厂等和教工的宿舍、教室、图书馆、研究部门等。包豪斯设计思想的产生和流行顺应了 19 世纪后工业革命的思潮，顺应了工业化生产形式的产品、工艺生产形式和二战后社会居住、生活生产的需求，是社会发展的必然结果。

包豪斯在建筑设计中主要有以下四个相对统一的表现特征：（1）框架结构；（2）底层架空；（3）屋顶花园；（4）横向窗户。包豪斯有四位著名的代表人物，分别是瓦尔特·格罗皮乌斯、路德维希·密斯·凡德罗、弗兰克·劳埃德·赖特、勒·柯布西耶，实际上这四位代表人物的建筑设计作品也不是统一的，而是各有各的特征，甚至可以说四位大师的作品也有与现代主义建筑四个基本特征相悖的。

现代主义建筑的产生无疑顺应了社会的发展需要，产生了积极的社会意义。但极度现代主义建筑中"少即是多""装饰是犯恶"的观念也会受到社会的批评和摒弃。例如：德绍包豪斯学校旁的"大师之家"别墅，由于过分清冷，因此该别墅交工后又重做装修。我调研过斯图加特魏森霍夫住宅展的社会认可度，售楼处的工作人员反映有些住宅难以出售以致另做他用。密斯·凡德罗设计的范斯沃斯住宅别墅因为极度的简约、通透，让业主无法使用，导致产生激烈纠纷……

尽管现代主义建筑存在这样那样的问题，但它对世界的建筑发展，对人类居住环境的改善，对工业化建筑的推广起到了其他建筑流派无法替代的作用。

德绍包豪斯学校（二） 高祥生摄于 2017 年 8 月

德绍包豪斯学校（三） 高祥生摄于 2017 年 8 月

德绍的设计师别墅群（一） 高祥生摄于 2017 年 8 月

德绍的设计师别墅群（二） 高祥生摄于 2017 年 8 月

德绍的设计师别墅群（三） 高祥生摄于 2017 年 8 月

德绍的设计师别墅群（四） 高祥生摄于 2017 年 8 月

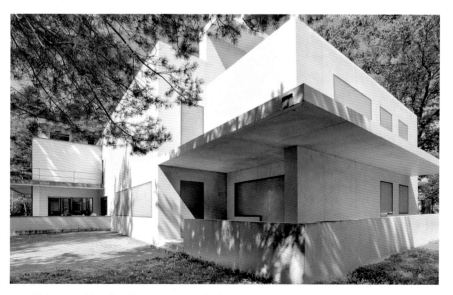

德绍的设计师别墅群（五） 高祥生摄于 2017 年 8 月

四、德累斯顿

1. 德累斯顿 UFA 电影中心

德累斯顿 UFA 电影中心室外（一） 高祥生摄于 2017 年 8 月

德累斯顿 UFA 电影中心坐落于德累斯顿市中心。该建筑由蓝天组建筑事务所设计，1998 年 3 月落成，它是一座解构主义风格的建筑。

该建筑是在原有电影厅基础上扩建而来。整个建筑平面近似三角形且为非对称形态，总建筑面积约 6174 平方米。从外围看电影中心就像一个不规则的巨大的玻璃晶体盒。在电影中心的中庭设有售票、接待、展览、休息、小卖部、咖啡茶座、酒店等多种功能区域。

德累斯顿 UFA 电影中心室外（二）　高祥生摄于 2017 年 8 月

德累斯顿 UFA 电影中心（一）　高祥生摄于 2017 年 8 月

德累斯顿 UFA 电影中心（二）　高祥生摄于 2017 年 8 月

2. 德累斯顿 QF 商业城

德累斯顿 QF 商业城（二） 高祥生摄于 2017 年 8 月

德累斯顿 QF 商业城（三） 高祥生摄于 2017 年 8 月

德累斯顿 QF 商业城（一） 高祥生摄于 2017 年 8 月

德累斯顿 QF 商业城（四） 高祥生摄于 2017 年 8 月

3. 德累斯顿圣母教堂

德累斯顿圣母教堂是位于德国德累斯顿老城广场的一座路德宗教堂，它是当地的城市标志，其建筑造型既有德累斯顿的地方元素，也有巴洛克建筑的特征，更有二战遗留痕迹。

圣母教堂始建于 1726 年，1945 年 2 月遭遇英美盟军空袭，在几个小时之内圣母教堂仅剩下 13 米高的一段残垣。两德统一后，又开始重建，款项来自多国的捐助，成为二战和解的标志。43% 的建筑材料取自废墟并且恢复到初始位置，因此黄褐色的外墙镶嵌有黑色石块，形成斑驳的特色。

德累斯顿圣母教堂（一）　高祥生摄于 2017 年 8 月

德累斯顿圣母教堂（二）　高祥生摄于 2017 年 8 月

4. 夜幕下的德累斯顿

德累斯顿是德国萨克森州的州府，德国十大主要城市之一，德国重要的文化、政治和经济中心，也是德国重要的科研中心，拥有德国大城市中比例最高的研究人员，是"德国硅谷"的核心。

历史上，德累斯顿曾长期是萨克森王国的首都，并在一段时期兼任波兰首都的角色，拥有数百年的繁荣史、灿烂的文化艺术、欧洲最高的城市绿化率和众多精美的巴洛克建筑，被誉为欧洲最美的城市之一。

夜幕下的德累斯顿　高祥生摄于 2017 年 8 月

德累斯顿城堡曾是萨克森王宫所在地，已经被改建多次，具有文艺复兴、巴洛克和古典主义等多种风格的元素。城堡在第二次世界大战中被完全摧毁，从德国统一后一直处于重建中。

德累斯顿森珀歌剧院广场中心的萨克森国王约翰一世雕像　高祥生摄于 2017 年 8 月

5. 夜幕下的德累斯顿王宫

夜幕下的德累斯顿王宫仍然雄姿勃勃，巴洛克的特征依稀可见。

德累斯顿王宫（一）　高祥生摄于 2017 年 8 月

德累斯顿王宫（二）　高祥生摄于 2017 年 8 月

6. 德累斯顿历代大师画廊美术馆

历代大师画廊美术馆坐落于德累斯顿市中心，靠近易北河，为州立艺术博物馆的一部分，因收藏有艺术史上众多大师的作品而著称。

历代大师画廊美术馆因拥有15世纪到18世纪的大师作品而在世界享有盛誉，馆内共有750多幅绘画作品。画廊收藏的重点之一是文艺复兴和巴洛克时期的意大利绘画，以及17世纪以来的荷兰、德国、法国、西班牙等国著名画家的优秀作品。

（根据百度百科资料和现场调研编撰）

德累斯顿历代大师画廊美术馆中的雕像　高祥生摄于2017年8月

德累斯顿历代大师画廊美术馆中的部分绘画作品　高祥生摄于 2017 年 8 月

五、慕尼黑

1. 慕尼黑新市政厅

慕尼黑新市政厅是慕尼黑的标志性建筑，它建于 19 世纪，是一座高大雄伟的棕黑色哥特式建筑，建筑的体量很大，一般相机即使用广角镜头都很难拍下它的全貌。虽说是慕尼黑新市政厅，但建筑本身毫无新时代建筑的感觉。建筑的外立面虽都饰以白色，但大量的窗户、壁龛使整体立面并不明亮，但有玲珑剔透感。

建筑立面的壁龛中立有拜恩历代君王、圣徒、神话英雄的塑像。建筑的顶部耸立着几尊尖塔，这些形态使建筑显得古拙，而其建筑体量则使新市政厅显得非常威严、恢宏。

慕尼黑新市政厅　高祥生摄于 2017 年 8 月

2. 慕尼黑宝马车辆体验中心

慕尼黑宝马车辆体验中心　高祥生摄于 2017 年 8 月

　　慕尼黑宝马车辆体验中心紧邻宝马博物馆，我曾撰文说明它是解构主义建筑的案例，它是由著名的蓝天组建筑事务所主持设计。这座建筑主要集宝马车辆的交付、展示及附属的设计、产品讲堂、休闲酒吧等空间于一体，无论是建筑的立面造型，还是室内的形体组合，都具有视觉上的冲击力。

　　因为室内、室外的形态都是异形，都具有解构主义建筑的一般形式特征，其整体感统一，而且建筑的室外、室内使用的建筑材料大多是金属、玻璃之类的材料，所以建筑的室内外也都极具现代气息。又因为体验中心局部的尺度很大，所以每个空间都可以有效地利用。体验中心的室内外空间中没有额外的装饰，因为异形、多样的灯光已经是很好的装饰装修形态了。

从慕尼黑宝马车辆体验中心远眺宝马博物馆　高祥生摄于 2017 年 8 月

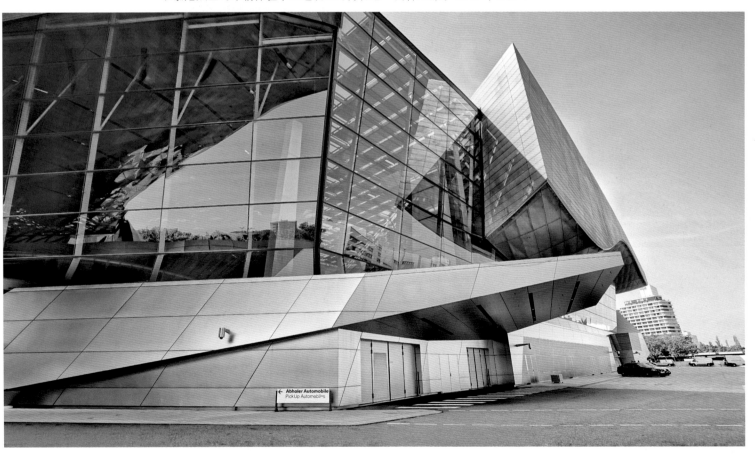

慕尼黑宝马车辆体验中心外立面　高祥生摄于 2017 年 8 月

慕尼黑宝马车辆体验中心室内（一） 高祥生摄于 2017 年 8 月

慕尼黑宝马车辆体验中心室内（二） 高祥生摄于 2017 年 8 月

慕尼黑宝马车辆体验中心室内（三） 高祥生摄于 2017 年 8 月

慕尼黑宝马车辆体验中心室内（四） 高祥生摄于 2017 年 8 月

3. 慕尼黑宝马博物馆

慕尼黑宝马博物馆室外（一）　高祥生摄于 2017 年 8 月

慕尼黑宝马博物馆室外（二）　高祥生摄于 2017 年 8 月

慕尼黑宝马博物馆位于慕尼黑北部，与宝马车辆体验中心毗邻。宝马博物馆总面积约5000平方米，建筑外形呈"碗形"，室内有螺旋形上升的扶梯，扶梯上有红色新颖的装置。博物馆的一端设有三层高的透明玻璃展墙，内设陈列各式摩托车及其他电动车的展厅。博物馆中的多个空间运用数字技术展示了车辆的生产流程、车辆的各种样式。博物馆空间由斜向的桥架连接，从室内看，内部空间比外部形态更为变化多样，更为现代新颖。

慕尼黑宝马博物馆室内（一）　高祥生摄于2017年8月

博物馆的室内力求表现宝马车辆的品牌标识，表现宝马车辆的生产过程，表现宝马车辆的品质特征和应用方法。

慕尼黑宝马博物馆室内（二）　高祥生摄于2017年8月

慕尼黑宝马博物馆展厅（一） 高祥生摄于 2017 年 8 月

慕尼黑宝马博物馆展厅（二） 高祥生摄于 2017 年 8 月

4. 慕尼黑安联球场

慕尼黑安联球场　高祥生摄于 2017 年 8 月

慕尼黑安联球场凭借壮丽的外观，成为慕尼黑乃至德国的标志之一。安联球场是欧洲最现代化的球场。球场的外墙由 2874 个菱形膜结构构成，膜结构具有自清洁、防火、防水以及隔热性能，里边永远保持 350 帕斯卡的大气压。每个膜结构都可以在夜间被照成红、蓝、白三色，分别对应拜仁、1860以及德国国家队的队服颜色。慕尼黑人非常喜欢这个球场，并亲切地将其称为"安全带"或"橡皮艇"。

六、斯图加特

1. 斯图加特 steigenberger 酒店

斯图加特 steigenberger 酒店外立面　高祥生摄于 2017 年 8 月

斯图加特新国立美术馆室内（一）　高祥生摄于 2017 年 8 月

斯图加特新国立美术馆入口　高祥生摄于 2017 年 8 月

2. 斯图加特新国立美术馆

　　斯图加特新国立美术馆坐落在市中心边缘的一个坡地上。该建筑于 1983 年建成，由建筑大师詹姆斯·斯特林设计，斯特林在 1981 年获得号称建筑界的最高荣誉：普利兹克奖。

　　斯图加特新国立美术馆是一座极具现代感、富有视觉魅力的美术馆。

斯图加特新国立美术馆室内（二） 高祥生摄于 2017 年 8 月

斯图加特新国立美术馆室内（三） 高祥生摄于 2017 年 8 月

斯图加特新国立美术馆室内（四）　高祥生摄于 2017 年 8 月

斯图加特新国立美术馆室内（五）　高祥生摄于 2017 年 8 月

斯图加特新国立美术馆室内（六）　高祥生摄于 2017 年 8 月

斯图加特新国立美术馆由美术馆、剧场、音乐教学楼、图书馆及办公楼组成，功能复杂，且建筑形式与装饰也采用了多种手法，既有古典的平面布局，也有现代元素的构成韵味，给人耳目一新的感受。

该建筑很有现代感，特别是室内空间中的间接光的应用效果，柔和而绚丽，灿烂而优雅。美术馆的入口大块的绿色界面在有节奏的自然光的渲染下极富情趣，而人物装置则是入口空间的点睛之笔。

斯图加特新国立美术馆收藏了不少珍贵的绘画作品和雕塑，尤其是印象派和立体派的重要作品。

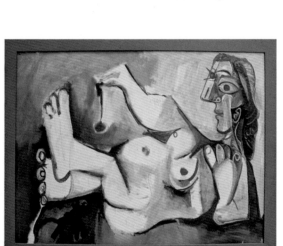

斯图加特新国立美术馆中的部分绘画作品　高祥生摄于 2017 年 8 月

3. 斯图加特市立图书馆

斯图加特市立图书馆室外　高祥生摄于 2017 年 8 月

斯图加特市立图书馆是德国一家耗费多年才完成的新媒体艺术中心，该图书馆的设计曾一度引发争议，有人认为它的设计很前卫，但也有人觉得它和周围环境格格不入。图书馆是由德国的韩裔设计师设计的，立方体的结构很有特色，但也引来非议，被认为过于刻板。

斯图加特市立图书馆的室内空间延续了外立面的特征，仍然用方形的造型。每层的廊道均有裸露的书架，书架上设置了灯光，灯光开启后整个空间灯火辉煌，宛如白昼。

斯图加特市立图书馆室内　高祥生摄于 2017 年 8 月

4. 斯图加特一购物中心

斯图加特一购物中心（二）　高祥生摄于 2017 年 8 月

斯图加特一购物中心（一）　高祥生摄于 2017 年 8 月

5. 斯图加特梅赛德斯 – 奔驰博物馆

我认为斯图加特的梅赛德斯 – 奔驰博物馆的建筑设计很有特色，特别是博物馆的室内空间，高低错落、千姿百态、五彩缤纷。

博物馆的中庭是螺旋形的，螺旋形的坡道中展示着各式的奔驰车辆，同时也设置了别致的阶梯展台。展台是宽大的，展台部位的上方都有灯具灯光限定。博物馆的每层服务台都各具特色，形态新颖。博物馆室内界面的色彩大多是白色，其中点缀小面积黑色、红色、灰色，以及不同形式的照明形式和灯具。奔驰博物馆建筑是现代的，立面中的框架玻璃使得阳光投射到室内光影闪烁，极具韵味。

斯图加特梅赛德斯 – 奔驰博物馆自然光下的空间形态（一）
高祥生摄于 2017 年 8 月

斯图加特梅赛德斯 – 奔驰博物馆自然光下的空间形态（二）　　　高祥生摄于 2017 年 8 月

斯图加特梅赛德斯－奔驰博物馆室内（一）　高祥生摄于 2017 年 8 月

斯图加特梅赛德斯－奔驰博物馆室内（二）　高祥生摄于 2017 年 8 月

斯图加特梅赛德斯－奔驰博物馆室内（三）　高祥生摄于 2017 年 8 月

斯图加特梅赛德斯－奔驰博物馆室内（四）　高祥生摄于 2017 年 8 月

6. 斯图加特魏森霍夫住宅展

斯图加特魏森霍夫住宅展（一）　高祥生摄于 2017 年 8 月

斯图加特魏森霍夫住宅展（二）　高祥生摄于 2017 年 8 月

斯图加特魏森霍夫住宅展（三）　高祥生摄于 2017 年 8 月

许多住宅建筑设计的文献资料中都介绍了德国斯图加特魏森霍夫住宅展，认为它是世界现代建筑史上非常重要的一次建筑展，是推动现代主义建筑发展的最重要的事件之一。

展览由密斯·凡德罗组织，宗旨是发扬现代设计与现代建筑的精神。密斯·凡德罗在这里召集了当时欧洲不同背景的建筑师，共同完成了"白色派"的"方盒子"。

斯图加特魏森霍夫住宅展（四）　高祥生摄于 2017 年 8 月

魏森霍夫住宅展代表了当时欧洲最前卫的设计思想。展览的方式是建筑师们各设计一到两栋住宅，整体形成了一个现代住宅小区。这些住宅建筑强调功能淡化装饰，色彩大部分是白色、灰色等中性色调，形态全部是体块的组合。

因为有些建筑不开放，所以我们无法看到全体建筑。

魏森霍夫住宅展具有适应社会需求的理念，针对广泛且具有巨大差异的服务对象，采用了不同的设计方法，这次展览对后来的住宅设计产生了巨大的影响，也为后来的组团式建筑提供了有价值的样板。

（根据现场调研参考百度百科资料编撰）

斯图加特魏森霍夫住宅展（五）　高祥生摄于 2017 年 8 月

7. 斯图加特保时捷博物馆新馆

斯图加特保时捷博物馆新馆外立面（一） 高祥生摄于 2017 年 8 月

斯图加特保时捷博物馆新馆外立面（二） 高祥生摄于 2017 年 8 月

保时捷博物馆新馆位于德国斯图加特祖文豪森，博物馆向来自世界各地的参观者展示了保时捷品牌的魅力和多样性。

博物馆里的保时捷历史车辆以及大约 200 件附加展品经过精心布置，以非常有吸引力的方式集中在一起展览。

保时捷博物馆新馆的建筑造型、室内装饰都十分时尚。参观者在保时捷产品历史的指引下参观博物馆，从而通过"快速""轻盈""巧妙""强劲""激情""始终如一"等典型特征了解保时捷理念。

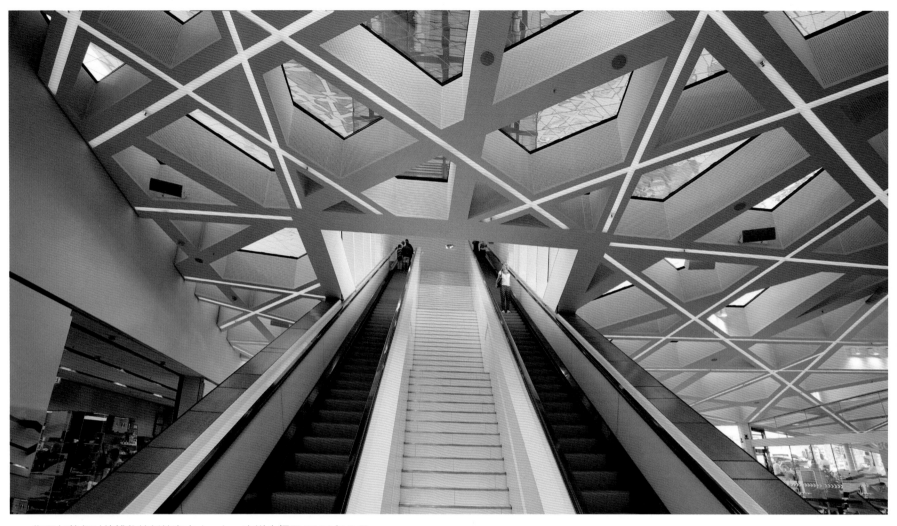

斯图加特保时捷博物馆新馆室内（一）　高祥生摄于 2017 年 8 月

斯图加特保时捷博物馆新馆室内（二）　高祥生摄于 2017 年 8 月

斯图加特保时捷博物馆新馆展台（一）　高祥生摄于 2017 年 8 月

斯图加特保时捷博物馆新馆展台（二）　高祥生摄于 2017 年 8 月

斯图加特保时捷博物馆新馆展台（三）　高祥生摄于 2017 年 8 月

斯图加特保时捷博物馆新馆展台（四）　高祥生摄于 2017 年 8 月

七、新天鹅城堡

新天鹅城堡外部　高祥生摄于 2017 年 8 月

新天鹅城堡内部　高祥生摄于 2017 年 8 月

　　新天鹅城堡别名新天鹅堡、新天鹅石城堡，始建于 1868 年夏天，位于德国巴伐利亚州西南方，邻近年代较早的高天鹅堡。

　　新天鹅堡位于慕尼黑西南方约 100 千米处海拔约 800 米的山上，是德国著名的罗曼蒂克大道的终点。去新天鹅堡是我老师的建议，老师认为新天鹅堡的建筑具有典型的中世纪拜占庭风格。但新天鹅堡许多有拜占庭风格的部位都不允许拍摄，无奈之下，我只能在新天鹅堡设计不够出彩的地方或附属景观处拍了一些照片。

从新天鹅城堡上俯瞰山景　高祥生摄于 2017 年 8 月

从新天鹅城堡上俯瞰阿尔卑斯山脉　高祥生摄于 2017 年 8 月

捷克

一、布拉格

布拉格（一） 高祥生摄于 2017 年 8 月

捷克首都布拉格，被许多人誉为全世界最美的城市之一，这座千年古城是全球第一个整座城市被评为"世界文化遗产"的地方，老城中汇聚了数不胜数的建筑文化瑰宝，罗马式、哥特式、巴洛克式、洛可可式等多种风格相得益彰，文艺气质洋溢在每一条大街小巷中。

布拉格是一个美丽的城市，这里似乎每一个地方都有着自身独特的个性，布拉格的伏尔塔瓦河、布拉格的老城广场、布拉格的查理大桥、布拉格的黄金巷……布拉格的每个角落都具有无穷的魅力。德国哲学家尼采曾说过："当我想以一个词来表达音乐时，我找到了维也纳；而当我想以一个词来表达神秘时，我只想到了布拉格。"而当我站在布拉格的查理大桥上，俯瞰远方，高高低低的塔尖，使山城更具魅力，随处可见的红瓦黄墙更是增添了它的美感，因此布拉格也有"百塔之城"之称。在阳光的照耀下，"百塔"显得金碧辉煌，吸引了无数的游客来领略它的风采。

布拉格（二） 高祥生摄于 2017 年 8 月

1. 伏尔塔瓦河

布拉格有一条"母亲河"，它全长 435 千米，流域面积 28 093 平方千米，是捷克共和国最长的河流，是捷克民族的摇篮，在捷克人民心中更是有着特殊的地位。它虽然没有我们国家的长江、黄河那么的广阔，但却有其风采和气势。

伏尔塔瓦河流经布拉格，将布拉格一分为二，一侧是老城和新城（新城并不新），布满了各个时代的华丽建筑，一侧则是起伏的山丘，上面点缀着布拉格城堡。河两岸的建筑高低错落，重峦叠嶂，别有一番韵味。

提到伏尔塔瓦河，就不得不说捷克的名曲《我的祖国》。

因为捷克有一首歌曲就是以《伏尔塔瓦河》命名的，它是斯美塔那的代表作、交响诗套曲《我的祖国》中的第二首交响诗。

这是一首世界著名的管弦乐曲，是交响诗中的一首经典之作，是一首充满魅力的抒情诗般的交响音乐，是一曲充满对祖国和人民深刻的爱、对未来和光明坚定不移的信念和乐观精神的颂歌。

伏尔塔瓦河滋养了布拉格，深情的《伏尔塔瓦河》成为布拉格最悠扬的旋律。

伏尔塔瓦河上的大桥　高祥生摄于 2017 年 8 月

布拉格火药塔　高祥生摄于 2017 年 8 月

2. 布拉格查理大桥

布拉格是一个山清水秀的多桥之城，碧波粼粼的伏尔塔瓦河穿城而过，共有 18 座大桥横架在河水之上，将两岸的建筑连成一体。其中，查理大桥是捷克最负盛名的桥，也是欧洲现存最古老的一座石桥，距今已有 600 多年历史，是连接布拉格城堡和老城区的交通要道，是布拉格最有名的古迹之一。

布拉格有句俗话：没有走过查理大桥就不算到过布拉格。查理大桥精湛的建筑工艺至今令人叹为观止。查理大桥长 520 米，宽 10 米，有 16 个桥墩，它以罗马天使桥为样板，是典型的哥特式建桥艺术与巴洛克雕塑艺术的结合体，桥的两端和两侧有巴洛克浮雕的哥特式塔楼。

查理大桥上最为著名的就是那一尊尊古老的雕塑。桥的一端耸立着查理四世的全身雕像。桥两侧石栏杆上有三十座庞大的青铜与石质雕像，其中有神话传说中的人物，也有宗教中的圣徒等，这些雕像都是捷克 17—18 世纪巴洛克艺术大师的杰作，查理大桥被欧洲人称为"欧洲的露天巴洛克塑像美术馆"。这些雕像有的生动有趣，有的挺拔肃穆，有的惆怅无奈，有的热情奔放，有的悲愤满腔，其栩栩如生的形态令人叫绝。每座雕像都有一个传奇故事，经常年的风蚀与氧化，雕像变得黑漆漆的，似乎在向路过的人们叙述着这座城市的过往，有种说不出的沧桑感。

每年都有世界各地的游客慕名来此参观，加上桥上有小贩和各色街头艺人进行表演，好不热闹。

查理大桥上的雕像　高祥生摄于 2017 年 8 月

雨中的查理大桥　高祥生摄于 2017 年 8 月

3. 布拉格老城广场

布拉格老城广场上的泰恩教堂 高祥生摄于 2017 年 8 月

布拉格老城广场上的扬·胡斯雕像 高祥生摄于 2017 年 8 月

走过查理大桥，沿着店铺林立的小巷前行就到了老城广场。这个广场不大，已经存在 900 多年了，是群众集会的场所。站在广场中央，可以看到哥特式、巴洛克式、洛可可式风格建筑相互辉映，可以看到高达 80 多米的泰恩教堂，可以看到哥特式风格的圣维特大教堂，可以看到已有 600 多年历史的老市政厅……广场上还经常有载着游客的旧式马车穿梭，马蹄击打在石板路上会发出清脆的"嗒嗒"声，响声仿佛要将人带回遥远的过去。

布拉格老城广场　高祥生摄于 2017 年 8 月

布拉格街道中的马车　高祥生摄于 2017 年 8 月

布拉格老城广场上的自鸣钟　高祥生摄于 2017 年 8 月

邻近布拉格老城广场的街道　高祥生摄于 2017 年 8 月

布拉格老城广场边的小巷　高祥生摄于 2017 年 8 月

布拉格优雅多姿的街巷（一） 高祥生摄于 2017 年 8 月

布拉格优雅多姿的街巷（二） 高祥生摄于 2017 年 8 月

布拉格老城广场里的建筑　高祥生摄于 2017 年 8 月

　　在老城广场的中心矗立着捷克著名的宗教改革家、伟大的爱国者扬·胡斯雕像。雕像历时 13 年塑成，于 1915 年 7 月 6 日扬·胡斯被焚 500 周年纪念日揭幕。

　　要说老城广场最具特色，也最吸引人的建筑那当数钟楼了。尽管钟楼的外墙早已斑驳脱落，但它却以别具匠心的自鸣钟设计闻名于世。凡是到布拉格的人都会来此参观，途经钟楼的当地人也经常停下来对时。这座匠心独运的钟每当指针移向整点，钟面上就会有两个木偶出来拉动钟绳，接着钟上方的两个小窗户自动打开，耶稣十二门徒依次从窗前缓缓转过，向人们鞠躬

致礼，同时下方的死神木偶会牵动铜铃，清脆的钟声随之响起。这个复杂而又奇妙的自鸣钟，是 15 世纪中期由一位钳工用锤子、钳子、锉刀等工具制作的，如今，虽几经世纪风雨，但这座大钟依然走时精准。

　　布拉格老城广场还有一座火药塔，它是一座哥特式的城门，高达 65 米，修建于 1475 年。火药塔的塔身内外都装饰着各式各样的纹章、圣人以及波希米亚诸王的塑像。人们沿着旋转楼梯登上塔顶，可以俯瞰整个城市。

夜幕下的布拉格老城广场　高祥生摄于 2017 年 8 月

布拉格老城广场中的建筑和扬·胡斯雕像　高祥生摄于 2017 年 8 月

布拉格泰恩教堂　高祥生摄于 2017 年 8 月

布拉格的街道　高祥生摄于 2017 年 8 月

布拉格是一座适合漫步的城市，走进老城区，可以看见许多街道依然保持着中世纪的风貌。街道狭窄而蜿蜒，都是用馒头大小的小方石铺设而成，当阳光照耀在石面上时，石面显得错落有致，这些街道和欧洲别的国家的街道有异曲同工之处。随着城市交通的发展，老城区的许多街道已经显得过于狭窄，只准许汽车和电车单行通过，但电车在街巷中行驶得很有节奏，乘坐电车也是一种很好的观光享受。游客可以在电车上看到街道两旁尽是风格各异的建筑，它们一幢连着一幢，不断从车窗闪过。

入夜的布拉格更像一座精灵的城市，广场上的建筑在靛蓝的夜空中显得格外安详与静谧。古老的煤气灯、宗教壁画装饰的墙壁让人在布拉格老城中能重温 13—15 世纪的那段历史。广场边的酒馆里时不时传出音乐和清脆的酒杯相碰的声音，四周的灯火星星点点，逐渐汇成灯海，让人恍如隔世。

布拉格也有很多新型建筑，其中，跳舞的房子已然成为布拉格现代建筑的重点。

布拉格的城市建筑　高祥生摄于 2017 年 8 月

布拉格跳舞的房子（一） 高祥生摄于 2017 年 8 月

布拉格跳舞的房子（二） 高祥生摄于 2017 年 8 月

布拉格跳舞的房子（三） 高祥生摄于 2017 年 8 月

布拉格的现代建筑（一） 高祥生摄于 2017 年 8 月

布拉格的现代建筑（二） 高祥生摄于 2017 年 8 月

如今的布拉格已成为一个热门的旅游城市，色彩斑斓的建筑、古老的街道、欧式的咖啡屋，这一切仿佛都在向人们展示着布拉格的历史和智慧传承至今。走在布拉格的街头小巷，人们可以尽情感受它的浪漫。布拉格不仅是一座美丽的城市，一座历史悠久的城市，更是一个充满浪漫与艺术气息的地方，它吸引了来自世界各地的游客。

布拉格查理大桥博物馆　高祥生摄于 2017 年 8 月

二、CK 小镇

CK 小镇的镇口　高祥生摄于 2017 年 8 月

CK 小镇上的房子大多是两层的，红顶白墙、坡顶　高祥生摄于 2017 年 8 月

在 CK 小镇的街道上眺望圣维塔大教堂　高祥生摄于 2017 年 8 月

CK 小镇的街道　高祥生摄于 2017 年 8 月

圣维塔大教堂和契斯基库伦隆古堡之塔耸立在 CK 小镇的建筑群中　高祥生摄于 2017 年 8 月

CK 小镇的伏尔塔瓦河的河床落差处　高祥生摄于 2017 年 8 月

在 CK 小镇的伏尔塔瓦河里玩漂流　高祥生摄于 2017 年 8 月

夜幕降临，河畔的灯光亮了　高祥生摄于 2017 年 8 月

夜幕降临时的 CK 小镇　高祥生摄于 2017 年 8 月

傍晚，CK 小镇的河畔灯火通明　高祥生摄于 2017 年 8 月

入夜的 CK 小镇静悄悄（二）　高祥生摄于 2017 年 8 月

入夜的 CK 小镇静悄悄（一）　高祥生摄于 2017 年 8 月

匈牙利

布达佩斯

布达佩斯渔人堡（一） 高祥生摄于 2017 年 5 月

1. 布达佩斯渔人堡

渔人堡是一个新哥特式和新罗曼风格的建筑群，位于匈牙利多瑙河一侧的山丘上。早先这里是一个渔场，后来渔民们为保护自身利益，在 1895—1902 年兴建了此城堡，城堡毗邻著名的马加什教堂。城堡在二战中遭到严重破坏，1947—1948 年，弗里杰·舒勒克的儿子亚诺什·舒勒克负责修复工程。城堡、教堂都伫立在多瑙河畔，游人自岸边俯瞰匈牙利城区和河流，景色壮丽、优美。

渔人堡建筑的整体感觉是哥特式的，有些局部渗透着巴洛克的样式。马加什教堂的建筑风格与城堡的建筑风格呼应，大多是哥特式的，中间混搭了其他样式，只是教堂显得华丽些，特别是教堂的室内，神秘而贵气。自 13 世纪以来，匈牙利历代皇帝、皇后都在此加冕。

布达佩斯渔人堡（二）　高祥生摄于 2017 年 5 月

布达佩斯渔人堡（三）　高祥生摄于 2017 年 5 月

从渔人堡俯瞰匈牙利　高祥生摄于 2017 年 5 月

布达佩斯渔人堡沿河建筑（一）　高祥生摄于 2017 年 5 月

布达佩斯渔人堡沿河建筑（二）　高祥生摄于 2017 年 5 月

布达佩斯马加什教堂（一） 高祥生摄于 2017 年 5 月

布达佩斯马加什教堂（二） 高祥生摄于 2017 年 5 月

布达佩斯马加什教堂（三） 高祥生摄于 2017 年 5 月

2. 匈牙利国家博物馆

出渔人堡后经一段廊道就可到达匈牙利国家博物馆，其建筑外立面具有巴洛克风格，显得古朴、沧桑，历经风风雨雨。博物馆的入口尤为典型，建筑围合的广场宽敞、庄重。博物馆讲述了匈牙利有文字记载以来的历史，并收藏了布达皇宫的宝物、雕像和多种风格的油画作品，室内的装饰样式也很时尚，似乎与外立面的风格大相径庭。

匈牙利国家博物馆（一）　高祥生摄于 2017 年 5 月

离开匈牙利国家博物馆眺望远方是广博的匈牙利城区，建筑层层叠叠，多瑙河蜿蜒、曲折，横跨河上的九座大桥连接着布达佩斯两岸的风光，回首观望博物馆的外立面，有诉说奥匈战争故事的电影海报，我们一行只是淡淡地瞄了一眼，匆匆地离开了。

匈牙利国家博物馆（二）　高祥生摄于 2017 年 5 月

匈牙利国家博物馆沿河的装置　高祥生摄于 2017 年 5 月

匈牙利国家博物馆门头　高祥生摄于 2017 年 5 月

匈牙利国家博物馆馆内顶棚　高祥生摄于 2017 年 5 月

匈牙利国家博物馆展厅（一）　高祥生摄于 2017 年 5 月

匈牙利国家博物馆展厅（二）　高祥生摄于 2017 年 5 月

匈牙利国家博物馆展厅（三）　高祥生摄于 2017 年 5 月

匈牙利多瑙河上的塞切尼链桥（一）　高祥生摄于 2017 年 5 月

3. 蓝色的多瑙河

多瑙河是欧洲第二长河，仅次于俄罗斯的伏尔加河。多瑙河发源于德国西南部，自西向东流，干流经奥地利、斯洛伐克、匈牙利、克罗地亚、塞尔维亚、保加利亚、罗马尼亚、摩尔多瓦、乌克兰，最后注入黑海。多瑙河流经 10 个国家，是世界上干流流经国家最多的河流。

支流延伸至瑞士、波兰、意大利、波斯尼亚和黑塞哥维那、捷克以及斯洛文尼亚等 6 国，全长 2850 千米，流域面积 81.7 万平方千米，河口年平均流量每秒 6430 立方米，年平均径流量 2030 亿立方米。

（根据百度百科资料编撰）

匈牙利多瑙河上的塞切尼链桥（二）　高祥生摄于 2017 年 5 月

多瑙河上有九座桥梁，夜间的桥梁闪闪发光，桥梁中较负盛名的应是伊丽莎白桥、塞切尼链桥和自由桥，桥梁上都有金属锁链拉结着桥堡、门楼。夜幕下桥梁的轮廓闪烁着光芒，在蓝色的多瑙河上格外突出。

匈牙利的多瑙河两岸有山丘和楼宇，在夜空中忽隐忽现。

唯有匈牙利国会大厦以巨大的体量和金黄的色调成为匈牙利多瑙河河岸最辉煌的景点。国会大厦倒映在多瑙河上，建筑的金黄色融在河水的湛蓝里，在波浪的涌动下，建筑轮廓不断颤抖、分裂，又不断恢复原来的样子。

匈牙利的多瑙河是美丽的，夜间的多瑙河更是迷人。夜空下的多瑙河的基色是蓝色的，它像一条蓝色的绸带，镶着一条条五彩缤纷的项链和一颗颗晶莹剔透的珠宝，给两岸带来财富，给世界增添福泽。

匈牙利多瑙河上的伊丽莎白桥　高祥生摄于 2017 年 5 月

匈牙利多瑙河上的自由桥　高祥生摄于 2017 年 5 月

4. 匈牙利国会大厦

匈牙利国会大厦（一） 高祥生摄于 2017 年 5 月

匈牙利国会大厦坐落在多瑙河畔，是匈牙利著名的建筑标志。国会大厦无论是室内造型还是室外造型，都十分精致。

建筑的总长度近 300 米，宽度超过 100 米，高度有 40 多米。建筑的中心有高耸的高低错落的哥特式尖顶，建筑的立面强调了竖向划分的构造形态，挺拔、俊美。建筑的室内风格是哥特样式与巴洛克样式的有机结合，富丽、端庄。

夜晚从多瑙河上远眺国会大厦，整个建筑金碧辉煌，在夜空中闪闪发光。

匈牙利国会大厦（二） 高祥生摄于 2017 年 5 月

为了纪念科苏特，国会大厦正门外所对的一片空地就叫"科苏特广场"，广场两侧有两位匈牙利著名的民族英雄的雕像。北侧的英雄是科苏特，南侧的英雄是拉科齐。两组雕像体现了匈牙利人民争取民族独立和自由的决心和意志。1849 年，匈牙利宣布脱离奥地利帝国，科苏特曾任国家元首，由于未能解决农民土地问题和团结非匈牙利民族，出现了俄国、奥地利联军入侵和军官的反对，科苏特被迫辞职。革命失败后，科苏特流亡国外，后死于意大利。广场南侧是弗拉西斯·拉科齐王子的骑马像。拉科齐是 18 世纪初匈牙利的民族英雄。

走出国会大厦的通道可见到一组雕像，正面是伊斯特万·蒂查伯爵雕像。伊斯特万·蒂查分别于 1903—1905 年和 1913—1917 年任匈牙利总理，1918 年被杀害。

国会大厦南边的科苏特广场上竖立着一座为纪念 1848 年"佩斯三月革命"而建的群像，群像的正中就是科苏特。

（根据百度百科资料编撰）

匈牙利国会大厦广场的伊斯特万·蒂查纪念碑　高祥生摄于 2017 年 5 月

匈牙利国会大厦广场的"佩斯三月革命"塑像群　高祥生摄于 2017 年 5 月

匈牙利国会大厦室内（一） 高祥生摄于 2017 年 5 月

匈牙利国会大厦室内（二） 高祥生摄于 2017 年 5 月

匈牙利国会大厦议会大厅（一）　高祥生摄于 2017 年 5 月

匈牙利国会大厦议会大厅（二）　高祥生摄于 2017 年 5 月

5. 纳吉雕像

匈牙利国会大厦附近有一个小广场，广场上有一座小桥，小桥上有一尊雕像，雕像是一位老人，他身着西装，头戴礼帽，挎着长柄雨伞。他手扶桥栏站在桥的中央，转头侧视，神态中带着沉思和忧伤。

这尊雕塑的人物就是 1956 年匈牙利事件的核心人物——纳吉。

（根据现场调研和百度百科资料编撰）

纳吉雕像　高祥生摄于 2017 年 5 月

6. 匈牙利国家歌剧院

匈牙利国家歌剧院金色大厅　高祥生摄于 2017 年 5 月

匈牙利国家歌剧院整体采用文艺复兴时期建筑风格，也带着巴洛克风格的元素，内部金碧辉煌、奢华无比，而且视觉美观和音响效果在全世界的歌剧院中都是顶级的，在我看来不比维也纳歌厅差。

我最感兴趣的是歌剧院音乐厅的圆形顶棚，严谨细致，图案是放射形的，集中而精致，墙面的拱券规则、舒展。

音乐大厅古典而优雅，韵味十足。歌剧院的入口大厅顶棚的图案传说为茜茜公主设计，精致、秀气。

匈牙利国家歌剧院是匈牙利最顶尖的艺术殿堂，其外形气势恢宏，室内金碧辉煌。

匈牙利国家歌剧院楼梯　高祥生摄于 2017 年 5 月

匈牙利国家歌剧院　高祥生摄于 2017 年 5 月

匈牙利国家歌剧院顶部　高祥生摄于 2017 年 5 月

匈牙利国家歌剧院廊道　高祥生摄于 2017 年 5 月

7. 布达佩斯圣·伊斯特万大教堂

布达佩斯圣·伊斯特万大教堂　高祥生摄于 2017 年 5 月

　　圣·伊斯特万大教堂位于匈牙利首都布达佩斯的日林斯大街，是一座古典样式的基督教堂。

　　该教堂以匈牙利第一任国王圣·伊斯特万一世的名字命名，主要是纪念他对匈牙利作出的巨大贡献。

　　教堂有一圆拱形顶大厅和两座尖塔，教堂的圆顶毁于战时，1949 年重建，现高 96 米，是布达佩斯最高的圆顶建筑。教堂宽 55 米，长 87.4 米。圣·伊斯特万大教堂建筑宏伟，装饰华丽，是匈牙利最著名的景点之一。

（根据百度百科资料编撰）

8. 布达佩斯英雄广场

布达佩斯英雄广场　高祥生摄于 2017 年 5 月

　　英雄广场是匈牙利首都布达佩斯的中心广场，是一个表现了历史、艺术和政治的广场。它庄严肃穆，气势磅礴。广场的构筑物呈对称状，高耸的"纪功柱"是广场的中心，展开的柱廊环抱广场的一切，凝聚了广场的气场。广场的水景、雕塑增添了生动的气息和民族的精神。英雄广场是 1896 年为纪念匈牙利民族在欧洲定居 1000 年而兴建，1929 年完工。整个建筑群表现了匈牙利人对历史英雄的怀念和对美好未来的向往。

9. 布达佩斯东火车站

布达佩斯东火车站　高祥生摄于 2017 年 5 月

　　布达佩斯东火车站是典型的巴洛克风格，壮观的外立面、典雅的装饰、精美的雕塑都是这一风格的说明。

　　布达佩斯东火车站是个名副其实的国际车站，有通往欧洲数十个国家城市的直达列车。

（根据百度百科资料编撰）

10. 布达佩斯 CET 中心

布达佩斯 CET 中心位于多瑙河畔，其建筑的外立面为大块的玻璃饰面，从远处观望酷似一条巨大的鲸鱼，造型很有特色。

CET 中心室内充满现代感，室内大厅宽敞、通透，室内的两侧有时尚前卫的休憩空间。

布达佩斯 CET 中心（一） 高祥生摄于 2017 年 5 月

布达佩斯 CET 中心（二） 高祥生摄于 2017 年 5 月

布达佩斯 CET 中心（三） 高祥生摄于 2017 年 5 月

11. 布达佩斯农业博物馆

布达佩斯农业博物馆　高祥生摄于 2017 年 5 月

　　布达佩斯农业博物馆是欧洲目前最大的农业博物馆之一，博物馆设在一座欧洲古代城堡样式的建筑中。

　　博物馆从 1897 年开始用作农业博物馆，后又作为匈牙利的新千年展览馆，是一座历史悠久的博物馆。

　　博物馆内有匈牙利原始的农耕社会中的各种生产方法，它展示了匈牙利从农耕社会向工业化生产转型发展中的劳动形态和生产工具、居住形式和人物形象等。

布达佩斯农业博物馆展厅（一）　高祥生摄于 2017 年 5 月

布达佩斯农业博物馆展厅（二）　高祥生摄于 2017 年 5 月

布达佩斯农业博物馆展厅（三）　高祥生摄于 2017 年 5 月

12. 布达佩斯街市夜景

布达佩斯一餐厅　高祥生摄于 2017 年 5 月

布达佩斯一商铺（一）　高祥生摄于 2017 年 5 月

布达佩斯一商铺（二）　高祥生摄于 2017 年 5 月

13. 夜幕下的布达佩斯小餐馆

布达佩斯一餐馆（一） 高祥生摄于 2017 年 5 月

布达佩斯一餐馆（二） 高祥生摄于 2017 年 5 月

后记 / POSTSCRIPT

　　这本书的题目我来回修改了多次，原先是叫《高祥生摄影图集》，后来经过再三推敲，因为里面有很多自己游历的体会，故改成了《高祥生中外建筑·环境设计赏析 —— 灿烂世界·璀璨明珠》。

　　说到游记，人们一般都会想起《徐霞客游记》。我这些年不曾停下脚步，前前后后寻访游历了近 30 个国家，从覆盖面积来说，比徐霞客到过的地方大，但是与徐霞客在地理学和文学上做出的卓越贡献相比，我的水平差距甚远，学术影响也小得多。徐霞客云游千里，抵达金沙江元谋段，找到了长江真正的源头，并著成《溯江纪源》，明确提出金沙江是长江的正源，纠正了长江源头为岷江的错误认识，确定了长江源头是"金沙江导江"。

　　我曾经系统地学过外国美术史，有些说法在脑海中留下了深刻印象，后来看了很多著名的建筑，我发现有些评价是错误的。我很敬佩老一辈建筑师，在没有去过实地的情况下，凭借一些资料完成了对历史建筑的描述，但我不能完全认可这些描述，所以我打算用自己的眼光看世界、看建筑。我今天写下这本《高祥生中外建筑·环境设计赏析 —— 灿烂世界·璀璨明珠》，就是把我所看到的建筑，与我的理解和观点作一个概括与总结，希望对大家有所启迪。

　　这个世界很大，徐霞客无法云游天下；这个世界又很小，有了现代交通工具和信息网络，近 30 个国家显得也不那么多了。但按几百年前的标准来看，我已经走了很远了。我曾漫步在曼哈顿广场，曾迷恋过圣彼得堡的建筑，也曾寻访过古希腊和斯里兰卡的建筑，我曾瞻仰过吴哥窟的古籍和西班牙的斗牛场，我曾沉醉于圣托里尼岛的日落，我亦难忘波罗的海的日出……

我很庆幸我生活在这个时代，又很羡慕和嫉妒未来人们将能走过、看过更多的地方。我努力想要走得更远、拍得更多，留下更多的影像，但是我的精力有限。书中我所记录的建筑风光可以作为研究 21 世纪 20 年代以后 10 年建筑样式的基本资料，虽不能尽善尽美，但书中皆是我的所思所想、所见所闻，希望大家能从中有所收获，这也是我写下《高祥生中外建筑·环境设计赏析 —— 灿烂世界·璀璨明珠》的初衷。

　　这个世界是灿烂的，灿烂的世界里有许多熠熠生辉的明珠。我深信，未来的建筑风光将会更加精彩、更加辉煌。

　　所有国外照片都由我拍摄，同时，我设计了封面和版式，吴怡康制作了封面，朱霞、杨秀锋制作了版式。

　　在本书即将付梓之际，我要感谢东南大学建筑学院为本书的出版提供的资金支持；感谢东南大学出版社为本书的出版所做的各种努力；感谢中国建筑学会原理事长、原建设部副部长宋春华为本书作序；感谢设计师李宽喜、王玮、袁明、徐凤霞、高路、郑雪莹、殷珊、何青、高贞、陈新芳、阮禹萍、张超等在我拍摄过程中提供的各种帮助！

　　感谢所有为本书出版工作提供过帮助的领导、同事和朋友！

高祥生

2023 年 5 月

内容简介

　　《高祥生中外建筑·环境设计赏析——灿烂世界·璀璨明珠》分上、下两册。作者自 2015 年至 2020 年期间先后游历了欧美等近 30 个国家和地区，考察了这些国家和地区的重要建筑、名胜古迹、景观环境等，对这些建筑的年代、历史背景、建筑风格、风土人情、环境特征等进行了调研与分析，在调研中拍摄了大量图片。作者从拍摄的数万张照片中选择了 1600 余张照片，配以所摄建筑的前世今生，以游记、散文的形式向人们展现自己眼中的大千世界。

　　本书图文并茂，融学术性、观赏性于一体，既可供建筑学专业、环境艺术等专业教学与学习参考，也可作为摄影爱好者的学习参考资料。

图书在版编目（CIP）数据

灿烂世界·璀璨明珠．上 / 高祥生著．-- 南京：
东南大学出版社，2024.4
　（高祥生中外建筑·环境设计赏析；3）
　ISBN 978-7-5766-1363-6

Ⅰ．①灿…　Ⅱ．①高…　Ⅲ．①建筑艺术－世界－图集
Ⅳ．① TU-861

中国国家版本馆 CIP 数据核字（2024）第 058837 号

策划编辑：张丽萍　　责任编辑：陈佳　　责任校对：子雪莲　　封面设计：吴怡康　　责任印制：周荣虎

灿烂世界·璀璨明珠（上）
CANLAN SHIJIE · CUICAN MINGZHU（SHANG）

著　　者	高祥生
出版发行	东南大学出版社
出 版 人	白云飞
社　　址	南京市四牌楼 2 号（邮编：210096 电话：025－83793330)
经　　销	全国各地新华书店
印　　刷	南京新世纪联盟印务有限公司
开　　本	889mm×1194mm　1/12
印　　张	136
字　　数	1077 千
版　　次	2024 年 4 月第 1 版
印　　次	2024 年 4 月第 1 次印刷
书　　号	ISBN 978-7-5766-1363-6
定　　价	1488.00 元（共 4 册）

本社图书若有印装质量问题，请直接与营销部联系，电话：025-83791830.